Materialien

für eine

wissenschaftliche Biographie von Gauß.

Gesammelt von

F. Klein, M. Brendel und L. Schlesinger.

———

Heft IV.

C. F. Gauß als Zahlenrechner.

Von **A. Galle** in Potsdam.

Heft V.

C. F. Gauß als Geometer.

Von **P. Stäckel** in Heidelberg.

———

Springer Fachmedien Wiesbaden GmbH 1918

Aus den Nachrichten von der Königl. Gesellschaft der Wissenschaften zu Göttingen.
Mathematisch-physikalische Klasse. 1917.

ISBN 978-3-663-15627-7   ISBN 978-3-663-16202-5 (eBook)
DOI 10.1007/978-3-663-16202-5

Vorbemerkung.

An erster Stelle bringt dieses Doppelheft der Materialien
einen Abschnitt aus dem in Vorbereitung befindlichen Aufsatze
von A. Galle über die geodätischen Arbeiten von Gauß; da es
sich um einen Gegenstand handelt, der über die Geodäsie hinaus-
greift und ein selbständiges Interesse besitzt, schien es angebracht,
diesen Abschnitt dem eigentlichen Aufsatze vorauszuschicken. Das
Zahlenrechnen greift in die ganze Tätigkeit von Gauß in der
reinen wie in der angewandten Mathematik ein, und darum war
dem Verfasser die gütige Unterstützung der Mitarbeiter an der
Herausgabe der Werke von Gauß, sowie einiger anderer Gelehrten
sehr willkommen; er möchte auch an dieser Stelle M. Brendel,
F. Klein, L. Krüger, A. Loewy, P. Maennchen, L. Schlesinger,
P. Stäckel und G. Witt für verschiedene Bemerkungen und Hinweise seinen verbindlichen Dank zum Ausdruck bringen.

An zweiter Stelle erscheint der Aufsatz von P. Stäckel
über Gauß als Geometer, der sich den Aufsätzen von Bachmann über die zahlentheoretischen und von Schlesinger über die
funktionentheoretischen Arbeiten von Gauß anreiht. Der Verfasser ist F. Klein und L. Schlesinger für das große Interesse
verpflichtet, daß sie seiner Arbeit während ihrer Entstehung ent-
gegenbrachten, nicht minder auch für eine Reihe wertvoller Bemerkungen, die sie während der Korrektur beigesteuert haben.
An der Korrektur beteiligten sich ferner F. Engel, A. Galle und
A. Gutzmer, denen für ihre freundliche Hilfe der beste Dank ausgesprochen sei; Galle hat auch das Verdienst, auf die Bemerkungen
über Mannigfaltigkeiten von mehreren Dimensionen hingewiesen zu
haben, die sich in den Aufzeichnungen A. Ritters über die von
Gauß im Wintersemester 1850/51 gehaltene Vorlesung: Methode
der kleinsten Quadrate finden.

Materialien für eine wissenschaftliche Biographie von Gauss.

Gesammelt von **F. Klein, M. Brendel** und **L. Schlesinger.**

IV. C. F. Gauss als Zahlenrechner.

Von

A. Galle in Potsdam [1].

(Ein Abschnitt aus dem in Vorbereitung befindlichen Aufsatze „Über die geodätischen Arbeiten von Gauss".)

Vorgelegt in der Sitzung vom 9. Dezember 1916 durch Herrn F. Klein.

Die geistige Schöpferkraft hat erfahrungsgemäß das Vorhandensein besonderer geistiger und körperlicher Gaben [2] zur Voraussetzung. Der Zusammenhang zwischen dem Genie und den ihm zu Grunde liegenden Talenten läßt sich aber um so schwieriger erkennen, als nach dem eigenen Zeugnis großer Männer gerade die höchsten Leistungen durch blitzartige Erleuchtungen zu Stande kommen und unbewußten Eingebungen gleichen [3]. Da die

---

[1] Ein Verzeichnis der im folgenden gebrauchten Abkürzungen findet sich auf S. 22.

[2] R. Wagner, Vorstudien zu einer wissenschaftlichen Morphologie und Physiologie des menschlichen Gehirns u. s. w. Abhandl. der Kgl. Gesellschaft der Wissensch. zu Göttingen Bd. 9, S. 59. Göttingen 1861. P. J. Möbius, Über die Anlage zur Mathematik. Leipzig 1900. S. 6. 183. L. Hänselmann, Karl Friedrich Gauß. Zwölf Kapitel aus seinem Leben. Leipzig 1878. S. 13.

[3] Gauß spricht in einem Briefe an Schumacher (15. Mai 1843, Briefw. G.-Sch. Nr. 833) von „den gleichsam unbewußten Inspirationen des Genies, die niemand erzwingen kann" und schreibt an Olbers (3. Sept. 1805, Briefw. G.-O. Nr. 133) „Alles Brüten, alles Suchen ist umsonst gewesen, traurig habe ich jedesmal die

1

Offenbarungen des Genies nur auf bestimmte, wenn auch manchmal weit ausgedehnte Gebiete beschränkt sind, so ist je nach dem Felde der Geistesbetätigung die Begabung eine verschiedene. Manche Gaben, wie ein hervorragendes Gedächtnis [1]), scheinen allerdings allen Schöpfernaturen gemeinsam zu sein.

Bei den mathematischen Genies findet man in der Regel eine besondere räumliche Vorstellungsgabe und einen ausgesprochenen Zahlensinn. Die Anwendungen der Mathematik bringen noch andere Anlagen zur Geltung [2]). Die Begabung für die Astronomie und Geodäsie zeigt sich vornehmlich in solchen Fähigkeiten, die beim Beobachten und beim Rechnen hervortreten [3]). In vielen Fällen überwiegt die eine die andre beträchtlich. Gauß hat sich in beiden Richtungen ausgezeichnet und die Astronomen aller Zeiten erreicht oder über-

---

Feder wieder niederlegen müssen. Endlich vor ein paar Tagen ist's gelungen — aber nicht meinem mühsamen Suchen, sondern bloß durch die Gnade Gottes möchte ich sagen. Wie der Blitz einschlägt, hat sich das Räthsel gelöst; ich selbst wäre nicht im Stande, den leitenden Faden zwischen dem, was ich vorher wußte, dem, womit ich die letzten Versuche gemacht hatte — und dem, wodurch es gelang, nachzuweisen".

Ähnlich machte Goethe die Erfahrung, daß derjenige Mensch, der ein Genie in sich trägt, erfährt, daß er heut diese, morgen jene Fähigkeiten und Unfähigkeiten hat: Zeitweise ist er ein Dichter, der leicht vermag, was er sich vornimmt, und dann folgen Wochen und Monate, wo Hinz und Kunz eine poetische Aufgabe rascher und geschickter ausführen (W. Bode, Goethes Leben im Garten am Stern. Berlin 1904). Er schreibt z. B. „30. März (1780) hatt' ich den erfindenden Tag. Anfangs trüblich, ich lenkte mich zu Geschäften, bald ward's lebendiger . . Abends wenig Momente sinkender Kraft. Darauf Acht zu geben, woher?" „Die Ausübung dieser Dichtergabe", sagt Goethe ein andres Mal von sich, „konnte zwar durch Veranlassung erregt und bestimmt werden, aber am freudigsten und reichlichsten trat sie unwillkürlich, ja wider Willen hervor".

1) Bei Gauß tritt das erstaunliche Erinnerungsvermögen an vielen Stellen seiner Briefe zu Tage, wenn er eine genaue Zeitangabe über ein weit zurückliegendes Ereignis macht oder den Wortlaut einer früheren Mitteilung wiederholt (vergl. Briefw. G.-Sch. Nr. 508. 509. 679. 735. 953; Briefw. G.-G. Werke, Band X 1, S. 125/126). Ja die oft fast gleich lautenden Berichte an verschiedene Empfänger sind bereits ein Zeichen der Sicherheit seines Gedächtnisses, da er nach seiner Angabe (Briefw. G.-Sch. Nr. 713) fast niemals den Entwurf eines Briefes niederschrieb. Für sein Zahlengedächtnis zeugt die Briefstelle (Briefw. G.-Sch. Nr. 321. 10. 12. 1827): „Ich schreibe diese Zahl (443, 31 Linien) nur aus dem Gedächtnis, da ich in diesem Augenblick die auf mehrere Decimalen genaue Angabe nicht gleich auffinden kann". Der genaue Wert war 443, 29849 (Briefw. G.-Sch. Nr. 378. 18. 4. 1830). Nur das Namensgedächtnis scheint bei Gauß nicht besonders gut gewesen zu sein, worüber er gelegentlich klagt (Briefw. G.-Sch. Nr. 856).

2) Vgl. Möbius a. a. O. S. 2, 127.

3) „Wo einmal eine tüchtige mathematische Grundlage vorhanden ist, [lassen sich die eigentlich astronomischen Kenntnisse] unter gehöriger Application bald

flügelt. Wenn man aber bei ihm jene beiden Fähigkeiten gegen einander abwägt, so wird man sein Rechentalent noch höher einschätzen, als seine Beobachtungsgabe. Bei den praktischen Aufgaben des Beobachters klagt er bisweilen über Schwierigkeiten[1]), seine Erfolge auf diesem Gebiete verdankt er zu nicht geringem Teil der großen Sorgfalt und der starken Willenskraft, die ihn alle Hindernisse überwinden ließen. Bei seiner Tätigkeit als praktischer Rechner hat Gauß dagegen wohl niemals irgend welche Schwierigkeiten erwähnt oder auch nur über Ermüdung geklagt. Allerdings äußerte er bisweilen, daß die Berechnungen ihm viel Zeit kosteten[2]), aber kaum jemals hat er im Ernste daran gedacht, sie durch andre ausführen zu lassen[3]), sofern sie nicht die Kraft eines Einzelnen überstiegen.

---

ergänzen. Anders verhält es sich aber im Allgemeinen mit den übrigen Erfordernissen für die Geschäfte der practischen Astronomie, sowohl für das Beobachten, als für den Calcül; es müssen dazu gewisse natürliche Anlagen mitgebracht werden, welche selbst vielen auch ausgezeichneten Mathematikern abgehen und diese natürlichen Anlagen müssen zu Fertigkeiten ausgebildet sein". (Gauß 4. April 1851 in einem Schreiben wegen Besetzung von Goldschmidts Stelle.)

1) „Überhaupt, so sehr ich die Astronomie liebe, fühle ich doch das Beschwerliche des Lebens eines practischen Astronomen, ohne Hülfe, oft nur zu sehr". (Briefw. G.-B. Nr. 120. 28. 6. 1820. Nr. 156. 1. 4. 1827.) „Das Einziehen der Spinnefäden ist eine sehr kitzliche Arbeit, wenn von einem stark vergrößernden Instrument die Rede ist. Beim Mittagsfernrohr habe ich eine ganze Woche damit zugebracht". (Briefw. G.-B. Nr. 113. 10. 2. 1820.) „Das Einziehen von 9 Spinnefäden ist ein Stück Arbeit, wobei man in den kurzen Wintertagen die Augen zum Zerspringen angreifen muß". (Briefw. G.-O. Nr. 465. 29. 12. 1822.) „Das Aufstellen des Heliometers, das Beobachten selbst etc. kostet zu viel Mühe, als daß ich sie an ein so betrügerisch-undankbares Geschäft [Beobachtung der Sonnenflecke] verschwenden sollte". (Briefw. G.-O. Nr. 302. 24. 6. 1815.) Gauß bedauert, daß er keine Übung im Zeichnen habe; er empfindet den Mangel eines Assistenten, der ihm die Nebenarbeiten abnehmen könnte (Briefw. G.-Sch. Nr. 274. 10. 7. 1826). Die Verdienste eines Gerling (Briefw. G.-O. Nr. 313. 27. 11. 1815) und eines Wilhelm Weber (Briefw. G.-O. Nr. 718. 29. 4. 1838), die ihm in praktischen Dingen zur Hand gingen, erkennt er dankbar an.

2) „Die Rechnungen über meine vorjährigen Messungen ... haben mir bisher viel zu thun gemacht und mich wenig zu andern Arbeiten kommen lassen". (Briefw. G.-B. Nr. 147. 15. 1. 1825.) „Die Verarbeitung der im vorigen Sommer gemachten Messungen raubt mir ganz enorm viele Zeit" (Briefw. G.-Sch. Nr. 352. 7. 12. 1828). „Alle diese Rechnungen kosten mir sehr viele Zeit" (Briefw. G.-Sch. Nr. 376. 24. 2. 1830). „Von der Langwierigkeit solcher Rechnungen [Anwendung der Wahrscheinlichkeitsrechnung auf die Bestimmung der Bilanz für Witwenkassen] haben diejenigen Herren eine sehr falsche Vorstellung, welche glauben, daß sie binnen vier Wochen vollendet werden können." (Werke, Band IV, Seite 120.)

3) Nur selten erwähnt er, daß er bei seinen Rechnungen einige fremde Hülfe benutzt habe (Briefw. G.-Sch. Nr. 1149. 16. 4. 1847). Vergl. Werke Band IX,

Daß bei Gauß das Rechentalent ursprünglich vorhanden war und nicht nur durch Übung ausgebildet wurde, zeigt die Erzähung, die Hänselmann aufgezeichnet hat [1]): „In seinem dunkeln Heimchenwinkel behorcht der kaum dreijährige Knabe die Berechnungen, die der Vater beim Wochenabschluß mit seinen Gesellen anstellt; es handelt sich um die Vergütung von Feierabendarbeit nach dem Verhältnis des Tagelohns. Als es ans Auszahlen geht, zirpt er warnend dazwischen, und siehe da, der Alte hat sich verrechnet und was der Kleine angibt, ist das Richtige". Hierdurch gewinnt der Scherz einen tieferen Sinn, mit dem Gauß von sich behauptete, er habe früher rechnen, als sprechen können [1]).

Auf die Entwicklung dieser außerordentlichen Gabe und zugleich auf die Betätigung seines Geistes dabei wirft eine andre Geschichte ein helleres Licht. Den Schülern der unter des Lehrers Büttner Leitung stehenden Rechenklasse der Katharinenschule in Braunschweig wurde die Aufgabe vorgelegt, die Summe einer Reihe auf einander folgende Zahlen zu bilden. Jeder, der die Rechnung beendet haben würde, sollte die Tafel auf einen Sammel-

---

Seite 241 und 434 noch die Bemerkungen von Krüger. (Briefw. G.-O. Nr. 329. 15. 2. 1817.) Die den Disquisitiones generales circa seriem infinitam etc. beigegebene Tafel für Ψ hat nach der hier folgenden Anmerkung Nicolai berechnet, während Gauß die Tafel der Π selbst hergestellt zu haben scheint. Gauß sagt: „Eidem calculatori exercitatissimo [Nicolai] etiam debetur tabulae ad finem huius Sectionis annexae pars altera, exhibens valores functionis Ψ_z ad 18 figuras pro omnibus valoribus ipsius z a 0 usque ad 1 per singulas partes centesimas. Ceterum methodi, per quas utraque tabula constructa est, innituntur partim theorematibus, quae hic traduntur, partim calculi artificiis singularibus, quae alia occasioni proferemus (Werke, Band III S. 154, vgl. S. 21 dieses Aufsatzes). Bei den Störungsrechnungen (zu Störungstafeln der Pallas hielt Gauß sechs bis acht Rechner für nötig) und bei den Hülfstafeln zur Berechnung der magnetischen Kräfte hat er die Mitarbeit verschiedener Astronomen (Westphal, Encke, Nicolai, Goldschmidt) in Anspruch genommen vgl. Werke Band VII, S. 602. Band V, S. 152, 177. Auch die Hülfe, die Bessel durch Berechnung von Sonnenörtern (Briefw. G.-B. Nr. 1 und 2. 21. 12. 1804 und 29. 12. 1804) und der Koeffizienten in der Entwicklung des reziproken Wertes der Entfernung zweier Himmelskörper lieh (Briefw. G.-B. Nr. 6. 3. 9. 1805), kann hier erwähnt werden. — Wie Gauß sich zu dem Gebrauche mechanischer Hilfsmittel gestellt haben würde, läßt sich nicht mit Deutlichkeit aus dem wohlwollenden Zeugnis entnehmen, das er dem Erfinder des Modells einer Rechenmaschine, Professor Schiereck ausgestellt hat (Werke, Band X 1, S. 6).

1) Sartorius v. Waltershausen, Gauss zum Gedächtniss, Leipzig 1856, S. 11, Hänselmann, a. a. O. S. 16. A. Binet gibt eine Zusammenstellung (Psychologie des grands calculateurs et joueurs d'échecs, Paris 1894, S. 190/191), welche die Frühreife vieler hervorragender Zahlenrechner zeigt. Vergl. D. Katz, Psychologie und mathematischer Unterricht, Abhandlungen über den mathem. Unterricht in Deutschland, herausgeg. von F. Klein, Band III Heft 8, Leipzig und Berlin 1913, S. 68.

tisch legen. Kaum war die Aufgabe gestellt, so legte der damals neunjährige Gauß seine Tafel mit den Worten: Dar licht se! hin. Der alte Büttner musterte den schnellfertigen Knaben mit spöttischem Mitleid, während die andern Schüler die Stunde hindurch weiter rechneten. Auf der Tafel von Gauß stand nur eine Zahl, das richtige Ergebnis. Er hatte das Summationsprinzip für die arithmetischen Reihen auf den ersten Blick herausgefunden [1].

Daß der Lehrer ein dauerndes Interesse an diesem Schüler nahm, ihm ein neues Rechenbuch aus Hamburg verschaffte, und daß auch andre auf ihn aufmerksam wurden, sei nebenbei bemerkt. Mit einem Hilfslehrer derselben Schule, Bartels, der zwar acht Jahre älter war, aber bald sein Freund wurde, widmete sich Gauß der niederen Analysis, aber in wie weit rechnerische Übungen ihn in jener Zeit beschäftigten, wird nicht berichtet. Auch die Anerkennung des Mathematiklehrers, Professor Hellwig, der von dem dreizehnjährigen Primaner sagte „es sei überflüssig, daß ein solcher Mathematiker noch in seinen Stunden erscheine" nimmt nicht besonders auf sein Rechentalent Bezug. Dagegen stammen umfangreiche Tafeln zur Zahlentheorie und rechnerische Arbeiten für die Funktionentheorie aus den vier Jahren seines Besuchs des Carolinums [2].

Aus dem Anfang der Studienzeit in Göttingen hören wir, daß Gauß, nachdem er im Alter von 17 Jahren die Methode der kleinsten Quadrate erfunden hatte, sie zu seinem Privatgebrauch in den folgenden Jahren häufig angewandt habe. Ein im Nachlaß vorhandenes Oktavblatt enthält ein Beispiel ihres Gebrauchs, das nach einer Bemerkung von Gauß aus dem Jahre 1799 stammt und zeigt, daß er damals schon eigene Wege einschlug [3].

Aus demselben Jahre ist uns die Berechnung einer Sternbedeckung erhalten, die er an v. Lecoq übersandte und die uns ihn gleichfalls als fertigen Rechner vor Augen stellt [4]. Er fügt dem Beispiel eine Anmerkung hinzu, die darauf hindeutet, daß er häufig praktische Rechnungen ausführte und die seine Art, zu rechnen, kennzeichnet: „Übrigens bemerke ich noch, daß ich mich bei meinen eigenen Rechnungen mancher Kunstgriffe bediene. Bei Aufsuchung

<hr>

1) Sartorius, a. a. O. Seite 12, Hänselmann, a. a. O. Seite 16, 17.

2) Vergl. hierüber Materialien für eine wissenschaftliche Biographie von Gauß, P. Bachmann, Werke, Band X 2, Seite 4 und L. Schlesinger, diese Nachrichten 1912, Heft III, Seite 10.

3) Vergl. Werke, Band X 1, Seite 445.

4) Werke, Band X 1, Seite 539.

der Sinus und der Tangenten z. B. von kleinen Winkeln wird das Interpolieren wegen der Größe und Veränderlichkeit der Differenzen sehr beschwerlich; da verfahre ich gewöhnlich so: Es sei n ein kleiner Bogen in Secunden ausgedrückt, c das Complement des Logarithmen seines Cosinus. Dann ist $\log \sin n = \log n - \frac{1}{3} c$, $\log \tan n = \log n + \frac{2}{3} c$[1]). Der Fehler kann in der 7 ten Decimalstelle keine Einheit betragen, so lange n kleiner als $3^\circ 10' 7''$".

Bereits im Alter von 14 oder 15 Jahren hatte Gauß begonnen, sich mit der Zahlentheorie zu beschäftigen und 1799 hatte er im Wesentlichen die Disquisitiones arithmeticae vollendet, die bei ihrem Erscheinen im Jahre 1801 seine Beherrschung des Zahlensystems aller Welt zeigten. Dieser Beschäftigung mit der höheren Arithmetik schrieb Gauß einen wesentlichen Einfluß auf seine große Gewandtheit im Zahlenrechnen zu. Er spricht sich darüber in einem Briefe an Schumacher vom 6. Januar 1842 aus[2]): „Meine jetzt fast 50-jährigen Beschäftigungen mit der höheren Arithmetik haben allerdings insofern einen großen Anteil [an der mir zugeschriebenen Fertigkeit im numerischen Rechnen], als dadurch von selbst vielerlei Zahlenrelationen in meinem Gedächtnis unwillkürlich hängen geblieben sind, die beim Rechnen oft zu Statten kommen. Z. B. solche Producte, wie $13 \times 29 = 377$, $19 \times 53 = 1007$ und dergleichen, schaue ich unmittelbar an, ohne mich zu besinnen, und bei andern, die sich aus solchen sogleich ableiten lassen, ist des Besinnens so wenig, daß ich mir desselben kaum selbst bewußt werde. Übrigens habe ich Rechnungsfertigkeit niemals absichtlich irgendwie cultivirt, sonst hätte sie sich ohne Zweifel viel weiter treiben lassen; ich lege darauf gar keinen Werth, außer in so fern sie Mittel nicht aber Zweck ist".

Aus diesen Bemerkungen geht bereits hervor, worin die durch die Beschäftigung mit der Zahlentheorie erworbene Rechenfertigkeit zunächst bestand. Man könnte nach der Äußerung, daß Gauß die Zahlenprodukte unmittelbar anschaute, vermuten, daß ihm die Rechnung, wie sie auf dem Papier ausgeführt wird, unmittelbar vor Augen stand[3]), etwa in derselben Weise, wie Klopstock, wenn er beim Schlittschuhlaufen eine Schachpartie spielte, die Figuren des Brettes in seinem Geiste erblickte. In diesem Fall könnte man daran denken, daß Gauß das Verfahren der symmetrischen Multi-

---

1) In der Handschrift steht $\frac{1}{3} c$.
2) Briefw. G.-Sch. 760.
3) Vergl. Binet a. a. O. Seite 93.

plikation angewandt habe[1]). Indessen legt die Wahl der Beispiele den Gedanken nahe, daß er $13 \times 29 = 390 - 13 = 377$, $53 \times 19 = 1060 - 53 = 1007$ bildete, wobei ihm das Einschlagen gerade dieses Weges zur andern Natur geworden war und garnicht zur Überlegung Anlaß gab. Zunächst werden es, wie in diesen Beispielen, Produkte von Primzahlen gewesen sein, die sich bei der Zerlegung der Zahlen in Primfaktoren seinem Gedächtnis eingeprägt hatten. Unter den daraus abgeleiteten Produkten wird man dann solche verstehen dürfen, die das 2-fache, 5-fache u. s. w. derselben sind[2]), also z. B. $13 \times 58 = 2 \times 377 = 754$, $265 \times 19 = 5 \times 1007 = 5035$. Wie dem aber auch sei, jedenfalls geht aus den voranstehenden Worten deutlich hervor, daß bei zwei- oder mehrstelligen Zahlenrechnungen bei Gauß die· Erinnerungskraft eine ähnliche Rolle spielte, wie beim einfachen Einmaleins für den Durchschnitt der Menschen, die etwa $6 \times 7 = 42$ auch ohne jede Überlegung als Besitz in ihrem Gedächtnis festhalten.

Auf seine außergewöhnliche Fähigkeit, im Kopfe zu rechnen, legte aber Gauß nicht den entscheidenden Nachdruck. Als ihm die Hülfe des Rechenkünstlers Dase angeboten wurde, lehnte er sie entschieden ab: er könne sich bei den vielen und großen Rechnungen, die er in seinem Leben ausgeführt habe, kaum eines Falles erinnern, wo die Hülfe von jemand, der blos mechanische Rechnungsfertigkeit gehabt hätte, ihm von irgend einem Nutzen hätte sein können (Briefw. G.-Sch. Nr. 1149). „Was [über Dase] zu meiner Kenntnis gekommen ist, enthält eigentlich noch gar kein Zeugnis für eine ganz außerordentliche Rechnensfähigkeit",

---

1) $(a_0 + a_1 . 10 + a_2 . 10^2)(b_0 + b_1 . 10 + b_2 . 10^2) = a_0 b_0 + (a_0 b_1 + a_1 b_0) 10 + (a_0 b_2 + a_1 b_1 + a_2 b_0) . 10^2.$ ′ Vgl. J. Fourier, Analyse des équations déterminées, Paris 1831, Seite 190, siehe auch Ostwald's Klassiker der exakten Wissenschaften Nr. 127, übersetzt von A. Loewy, Seite 183 und die zugehörige Bemerkung von Loewy, Seite 262. Über dieses von Ferrol neu erfundene Verfahren, das bis zu den Indern zurückreicht, vergl. u. a. Maennchen, Mathem. Bibl. XIII, Leipzig-Berlin 1913, Seite 34 ff. Noch weniger wird man bei Gauß an Vorstellungen von Diagrammen denken dürfen, wenn auch Synopsien häufiger vorzukommen scheinen, als man anzunehmen geneigt ist, vergl. Katz a. a. O. Seite 51.

2) Hierauf deutet auch die folgende von Gauß herrührende Berechnung des Lebensalters von Eisenstein (geb. 10. 4. 1823, gest. 11. 10. 1852) in Tagen mit Berücksichtigung der 8 Schaltjahre, die sich von Gauß' Hand unter dem Briefe findet, mit dem ihm Encke am 11. Okt. 1852 den Tod Eisensteins meldete:

1823	100	10585
1852	284	8
29	184	184
		10777

schreibt er an Schumacher (Briefw. G.-Sch. Nr. 1146). „Man muß hier zwei Dinge unterscheiden; ein bedeutendes Zahlengedächtniß und eigentliche Rechnungsfertigkeit. Dies sind eigentlich zwei ganz von einander unabhängige Eigenschaften, die verbunden sein können, aber es nicht immer sind. Es kann einer ein sehr starkes Zahlengedächtniß haben, ohne gut rechnen zu können, wie z. B. der Hirsch Dänemark, auch ein andrer wandernder Jude, dessen Namen ich vergessen habe. Umgekehrt kann jemand eine superiöre Rechnungsfähigkeit haben, ohne ein ungewöhnlich starkes Zahlengedächtnis. Das letztere besitzt Herr Dase ohne Zweifel in eminentem Grade; ich gestehe aber, daß ich darauf sehr wenig Werth legen kann. Rechnensfertigkeit kann nur darnach taxiert werden, ob jemand auf dem Papier ebenso viel oder mehr leistet als andere. Ob dies bei Herrn Dase der Fall ist, weiß ich nicht; nur wenn er um zwei Zahlen, jede von 100 Ziffern mit einander im Kopfe zu multipliciren $8^3/_4$ Stunden bedarf, so ist dies doch am Ende eine thörichte Zeitverschwendung, da ein einigermaßen geübter Rechner dasselbe auf dem Papier in viel kürzerer, in weniger als der halben Zeit würde leisten können. Als Beweis eines stupenden Zahlengedächtnisses — aber hat man denn die Richtigkeit seiner Rechnung controllirt? — ist allerdings jene Leistung etwas außerordentliches, aber psychologisch interessant würde es erst dadurch werden können, wenn man sich ein ganz adäquates Bild von dem, was dabei in seinem Geiste vorgeht, machen könnte. Schwerlich wird Herr Dase uns dazu nöthige Erklärung geben können, worüber ich aber weit entfernt sein würde, ihm einen Vorwurf zu machen" [1].

Schon allein aus dem großen Umfang der Rechnungen, die

---

1) Die Fertigkeit im Rechnen und die Freude, die er offenbar daran hatte (vergl. die oben S. 7, Fußnote 2 erwähnte Rechnung, vergl. Sartorius, a. a. O. S. 89), war Gauß eine ganz selbstverständliche Sache. Er äußerte zwar einmal, daß er bei sich selbst manche Erfahrungen gemacht habe, die ihm psychologisch rätselhaft wären. Er führt aber nur eine davon an, die weder für ihn besonders kennzeichnend ist, noch eigentlich auf seine Rechenfertigkeit sich bezieht (Briefw. G.-Sch. Nr. 1146). Es dürfte viel eher mit seiner astronomischen Beobachtungstätigkeit zusammenhängen, wenn er beim taktmäßigen Gehen die Schritte unbewußt bis 100 zählte und dann von neuem anfing, ganz ebenso wie er die Sekunden, dann allerdings bis 60 durchzählte, und dabei allerhand andre Beschäftigungen vornehmen, auch eine zweite von den Sekunden ganz unabhängige Zählung machen, ein Buch oder einen Brief lesen (Briefw. G.-Sch. Nr. 602), nur nicht sprechen konnte. Diese Fähigkeit haben aber bis zu einem gewissen Grade viele Astronomen.

Gauß ausgeführt hat, kann man schließen, daß er sehr schnell[1]) und sicher rechnete. Dies beruhte zu einem wesentlichen Teile darauf, daß er die zweckmäßigste Art, zu rechnen, sich in jedem Falle zurechtlegte[2]). Nicht immer war ihm das willkommen, was andre als bequem empfanden, da die Art der Gewöhnung bei ihm eine große Rolle spielte. Darauf weist eine Bemerkung, die zugleich die große Leichtigkeit, mit Brüchen umzugehen, zeigt, von der ein noch zu erwähnendes Beispiel[3]) eine Probe gibt: „Ich meinerseits rechne lieber mit den Brüchen in ihrer ursprünglichen Gestalt, wo sie nur sehr einfach sind, während man bei den Decimalbrüchen teils (nach meiner Gewöhnung) garnichts an Bequemlichkeit gewinnt, teils an Schärfe etwas aufopfert"[4]).

Noch merkwürdiger ist es, daß ihm eine entschiedene Erleichterung der Rechnung nicht die Gewöhnung an eine bestimmte Form der von ihm benutzten Tafeln aufwog: „Wie sehr die Gewohnheit oft Kleinigkeiten ein Gewicht beilegt, erläutere ich noch durch einen andern Umstand oder ein Beispiel. In den von mir (ausschließlich) gebrauchten Logarithmen der Zahlen, nämlich den Shervin'schen, steht der Proportionalteil für 37 so:

1	4	Bessel wünscht dafür die vollen Multipla	37
2	7		74
3	11		111
4	15		&

5|18 Ich lege darauf gar keinen Werth, nicht weil ich beim Interpoli-
6|22 ren die Ziffer vernachläßigte, sondern weil ich sie ganz mechanisch
7|26 in Gedanken (und doch ohne selbst zu denken) von selbst supplire,
8|30 bei 7 weiß ich von selbst, da die letzte Ziffer 9 sein muß,
9|33 daß 26 anstatt 25,9 steht und so bei den übrigen. Aber dieser Mechanismus hört auf, sobald ich ein andres Exemplar, z. B. die Calletschen brauchen soll, wo bei 5 nicht 18, sondern 19 steht. An sich hat man ebenso viel Recht 19 wie 18 zu schreiben, aber ich bin einmal an die Art gewöhnt, wo der Decimalbruch, wenn er genau 0,5 ist, weggelassen wird, ohne die vorhergehende Ziffer zu erhöhen. Anstatt 18 das 18,5 zu lesen, ist mir einmal völlig

---

1) Mit welcher Schnelligkeit Gauß rechnete, erhellt am besten aus seinem Journal über die Rechnungen an den Pallasstörungen, Werke Band VII, Seite 605 ff. Die ersten Elemente von Vesta erhielt er, nach der Entdeckung dieses Planeten, durch nur 10stündige Arbeit (Mon. Corr. Bd. XVI, S. 84). Vergl. Sartorius, a. a. O. S. 42.

2) „Diejenigen, die wirklich rechnen, finden leicht selbst, was zu ihrem Frieden dient" (Briefw. G.-Sch. 496. 10. 10. 1835).

3) Seite 10, Anm. 2).

4) Briefw. G.-Sch. Nr. 1277. 22. 2. 50.

mechanisch, so wie bei 25,9 anstatt 26, d. i. ich werde mir der
Verwandlung nicht bewußt. Aber Mechanismus hört auf, so bald
ich mich, um das rechte zu treffen, erst ein kleines besinnen muß,
ob ich meinen guten Shervin oder andere vor mir habe, und lediglich aus diesem Grunde brauche ich andre Exemplare nicht"[1].
Die erwähnte Abrundung einer mit 5 endenden Zahl nach unten
übte Gauß nicht in allen Fällen, sondern wählte im Falle einer
nachfolgenden Halbierung die gerade Zahl, da jeder gute Rechner,
wo es möglich ist, solche Entscheidung entre deux foins zu vermeiden suche (Briefw. G.-Sch. Nr. 913. 21. 7. 1844)[2].

Bisweilen wirkte Gauß auch erziehlich durch Empfehlung
eines Verfahrens, das er als vorteilhaft erprobt hatte. So ist sein
Vorschlag, die Additionen und Subtraktionen zweier über einander stehender Zahlen von links nach rechts vorzunehmen, in
die Gewohnheit der meisten Astronomen übergegangen. „Für
mich ist immer das Subtrahiren etwas bequemer, als das Addiren
(beim Rechnen, auch mitunter in andern Dingen). Obgleich der
Unterschied sehr gering ist, so steht er doch als Factum bei mir
seit 50 Jahren fest, aber erst heute [3. 10. 1844]: da Sie sagen,
daß es bei Ihnen umgekehrt sei, habe ich darüber nachgedacht,
was wohl bei mir der Grund davon sein möge: Ich glaube es ist
folgender. Ich bin gewohnt, wenn zwei übereinanderstehende
Zahlen addirt oder subtrahirt werden sollen, immer die Summe
oder die Differenz sogleich von der Linken zur Rechten niederzuschreiben[3]. Allen meinen Schülern, die sich Rechnungsfertigkeit
erwerben wollten, habe ich immer gleich Anfangs empfohlen, sich
daran zu gewöhnen (was in sehr kurzer Zeit geschieht) und alle
ohne Ausnahme haben es mir nachher sehr Dank gewußt. Der
Vortheil davon besteht darin, daß jeder, der kein Jude ist, viel
geläufiger und calligraphischer von der Linken nach der Rechten
schreibt als umgekehrt, und auf ein zierliches Ziffernschreiben,
und daß sie immer recht ordentlich unter einander und neben einander stehen, kommt ja sehr viel an.

Cela posé, beantwortet sich obige Frage nun so: Während
man Summe oder Differenz von der Linken zur Rechten schreibt,

---

1) Briefw. G.-Sch. Nr. 986. 29. 4. 1845.

2) „Die Zwischenrechnung, nemlich $\frac{5}{24} \cdot 1316 = 274$, $\frac{3}{16} \cdot 60468 = 11338$, $\frac{1}{8} \cdot$
10272698 $= 1284087$, mache ich auf einem besonderen Papier. Statt der letzten
am nächsten kommenden Zahl habe ich .1284088 deswegen gesetzt, weil sonst
eine ungerade Summe kommen, und man entre deux foins keinen Grund hätte,
beim Halbiren zwischen 9,7054688745 und 9,7054688746 zu wählen."

3) Vergl. A. Binet a. a. O. Seite 201, nach dem auch Inaudi ebenso verfuhr.

muß man immer zugleich die folgenden Ziffern berücksichtigen, die beim Addiren nöthig machen können, eine um 1 größere, beim Subtrahiren eine, um 1 kleinere Zahl zu schreiben. Diese Berücksichtigung wird nun zwar bald so mechanisch, daß man garnicht daran denkt, immer aber bleibt sie beim Subtrahiren ein klein wenig einfacher, als beim Addiren: z. B. wird addirt
387 ...
218 ... so kann die Summe sein 605 oder 606;
wird subtrahirt, so kann die Differenz sein 169 oder 168; allein die Entscheidung hängt beim Subtrahiren nur von Gleichheit oder Ungleichheit der übereinanderstehenden folgenden Ziffern ab, beim Addiren aber ob Summe der übereinanderstehenden die 9 überschreitet, und das erstere ist einfacher, als das andere. Mit Worten ausgedrückt, würde die ratio decidendi sein:

Beim Subtrahiren: Wenn (von der betreffenden Stelle nach der Rechten fortschreitend, und die übereinanderstehenden Ziffern immer als ein Paar bildend, betrachtet) — das erste ungleiche Paar die größere Ziffer $\left\{ \begin{array}{c} \text{oben} \\ \text{unten} \end{array} \right\}$ hat, tritt $\left\{ \begin{array}{c} \text{keine} \\ \text{eine} \end{array} \right\}$ Veränderung um eine Einheit ein.

Beim Addiren, wenn das erste Paar, welches eine von 9 verschiedene Summe gibt, diese Summe $\left\{ \begin{array}{c} \text{größer} \\ \text{kleiner} \end{array} \right\}$ ist als 9, tritt $\left\{ \begin{array}{c} \text{eine} \\ \text{keine} \end{array} \right\}$ Vergrößerung um eine Einheit ein"[1]).

Diese Briefstellen zeigen auch, daß Gauß trotz der Schnelligkeit, mit der er rechnete, große Sorgfalt auf die Anordnung der Rechnung und auf die Schrift der Zahlen verwandte, die er sehr klar und deutlich, offenbar auch niemals hastig niederschrieb. Er legte Wert darauf, daß man auf dem Papier alles präzis und genügend vorfinde, was zu wissen nötig ist (Briefw. G.-Sch. Nr. 879). Dagegen durfte das Rechenblatt nicht mit überflüssigen Nebenrechnungen belastet sein, damit der wesentliche Kern im möglich kleinsten Raume und in der übersichtlichsten Form vorliege (Briefw. G.-Sch. Nr. 913, Werke Band IV, S. 312). Im Gauß-Schumacherschen Briefwechsel findet sich ein Beispiel (Berechnung von Länge, Breite, Meridianrichtung aus den Koordinaten eines Punktes) einmal in Delambrescher Breite[2]), ein zweites Mal als konzise Musterrechnung.

---

1) Briefwechsel G.-Sch. Nr. 932. 3. 10. 1844.
2) Briefw. G.-Sch. Nr. 378. 18. 4. 1830 und Werke Band IX, Seite 211, 212. Gauß schreibt an einer andern Stelle (Briefw. G.-Sch. Nr. 953. 18. 11. 1844):

Bei den Nebenrechnungen kam ihm seine Fähigkeit, vieles im Kopfe zu rechnen, sehr zu statten. „Ich kann“ sagt er, „sehr gut mit einer durch Addition, Subtraktion, Halbirung, Duplizirung entstandenen Zahl, ohne sie selbst vor mir zu haben, sogleich in eine Tafel eingehen; aber ich würde mich leicht verrechnen, wenn ich mit der Zahl, die ich nicht vor mir habe, erst noch eine Operation im Kopf vornehmen und mit dem Resultat, ohne es aufzuschreiben, eingehen soll, wenigstens würde mich dies sehr fatiguiren .... Hat man statt [des] log dessen Komplement wirklich schon vor sich, so geht es übrigens allerdings sehr bequem, im Kopfe Addiren und Halbiren zugleich zu machen“ [1]). Vielfach führte aber Gauß kleine Rechnungen auch auf Nebenblättern aus [2]).

Wie bei seinen eigenen Rechnungen, so verlangte Gauß auch von den Tafeln, die er benutzte, vor allem eine übersichtliche Anordnung. Deshalb störte ihn auch hier alles unnötige Beiwerk. Er wünschte in den trigonometrischen Tafeln nur die Logarithmen der Sinus, Kosinus, Tangenten und Kotangenten von Sekunde zu Sekunde (Briefw. G.-Sch. Nr. 973). Alles sollte sich ihm so bequem und rein, wie möglich, darbieten. Alles übrige hatte für ihn keinen Wert. Die Proportionalteile wollte er entbehren, obgleich er nicht unbedingt dagegen war. Dagegen war es ihm nur störend, wenn die Verwandlung von Bogen in Zeit angegeben war, die er gewissermaßen à vue im Kopfe ausführte. Auch andre Tafeln, wie die Verwandlung der Kompaßstriche, erschienen ihm höchst überflüssig und deshalb unerwünscht, weil sie das Tafelwerk umfangreicher machten, als nötig war. Kleinigkeiten, wie die Andeutung, daß die letzte der in der Tafel nicht wiederholten Ziffern erhöht werden soll, durch einen Stern oder Rhombus war ihm eher störend, als förderlich. Jedenfalls kam es ihm darauf an, daß in einer neuen Tafel dieselbe Bezeichnung angewandt war, an die er sich gewöhnt hatte, z. B. daß eine regelmäßige Abtei-

---

„Die Bedingung, daß die Preisbewerber (einer den Kometen von 1585 betreffenden Preisfrage) die Rechnungen in angemessenem Detail geben, halte ich für nothwendig, nicht einen ekelhaft Delambre-schen Detail, wo jeder einzelne Logarithmus aufbewahrt wird, aber doch so, daß man an jeder beliebigen Stelle, ohne gar zu viele Mühe, nachzurechnen im Stande sei“.

1) Briefw. G.-O. Nr. 289. 7. 1. 1815.

2) Daß Gauß kleine Rechnungen vielfach ausführte, ohne sie aufzubewahren, geht auch daraus hervor, daß ihm eine aus Porzellan oder Biscuit hergestellte Tafel, die ihm Schumacher empfohlen hatte, sehr angenehm für Nebenrechnungen war. Er schreibt darüber: „Die Rechentafeln haben mir bei meinen jetzigen Rechnungen über die im vorigen Jahre im Bremischen gemachten Messungen nützliche Dienste geleistet“ (Briefw. G.-Sch. Nr. 692. 25. 4. 1840).

lung von 5 zu 5 Zeilen durch horizontale Striche vorgesehen war
(Briefw. G.-Sch. Nr. 161). Jede kleine Abweichung, z. B. wenn
15°02' statt 15°2' da stand, war nicht nach seinem Geschmack,
wenn er auch anerkannte, daß diese oder jene Einrichtung für
einen andern Rechner bequemer sein konnte. Gauß hat sich über
diese Dinge ausführlich bei Besprechung von verschiedenen Tafeln
geäußert [1]).

Es ist natürlich, daß sich auch in den Rechnungen von Gauß
trotz seiner Sicherheit im Rechnen Fehler gefunden haben. Doch
sind gröbere Fehler oder Versehen sehr selten. Zu den ersteren
gehört ein von Schlesinger bemerkter Subtraktionsfehler Werke
Band X 1, Seite 427. Er hat, um einen Fall letzterer Art zu erwähnen, versehentlich mit einem andern Wert der Abplattung der
Erde statt des von Walbeck angegebenen längere Zeit gerechnet [2]).
Man findet die Abweichungen in den Zahlenrechnungen der Theoria
motus in Werke, Band VII, Seite 281 ff. ausführlich von Brendel angegeben, ebenso sind in Band IX von Krüger überall die Abweichungen in den Bemerkungen aufgeführt und in den Rentenrech-
nungen Werke Band IV, S. 188 Unrichtigkeiten von Schering bemerkt worden. Auch im Breitenunterschied sind bereits zu Gauß'
Lebzeiten einige Versehen entdeckt worden [3]).

Die meisten Fehler betreffen die letzten Stellen. Ein Teil
von ihnen wird Gauß nicht zur Last gelegt werden dürfen, da
die Logarithmentafeln selbst nicht immer genau waren [4]). Andrer-
seits hat Gauß oft mit einer größeren Stellenzahl als notwendig
war, gerechnet [5]), wobei ihm die Mitführung einiger Ziffern weniger
Unbequemlichkeit als die Abrundung gemacht zu haben scheint.

----

1) Vergl. Werke, Band III, Seite 231—264 und Band VIII, Seite 121.

2) Vergl. Werke, Band IX, Seite 71. Briefw. G.-O. Nr. 448 und 609.

3) Vergl. Briefw. G.-Sch. Nr. 362 und 381. Werke, Band IX, Seite 63.

4) Vergl. Werke, Band VII, Seite 281, Theoria motus Art. 30, 31. Briefw. G.-Sch.
Nr. 986.

5) Die Elemente der Theorie des Erdmagnetismus (Werke Band V, S. 150 ff.)
wurden genau so angesetzt, wie die Rechnung sie gegeben hat, ohne die Dezimalbrüche wegzulassen. Gauß fügt hinzu: „Für jeden Rechnungskundigen ist die
Bemerkung überflüssig, daß diese Bruchteile an sich keinen Wert haben, da wir
noch weit davon entfernt sind, nur die ganzen Einer mit Zuverlässigkeit ausmitteln zu können: allein es ist von Wichtigkeit, daß die Beobachtungen mit
einem und demselben System von Elementen scharf verglichen werden, und da
war kein Grund vorhanden, an dem, was die Rechnung ergeben hatte, etwas zu
verändern, weil durch Weglassung der Dezimalbrüche für die Bequemlichkeit der
Vergleichsrechnungen gar nichts gewonnen worden sein würde“.

Dies steht nur scheinbar im Widerspruch mit dem von Hammer (Lehrbuch
der ebenen und sphärischen Trigonometrie. Stuttgart 1907 S. 603) erwähnten

Weniger über das Vorkommen von Fehlern, als vielmehr über die Seltenheit von wesentlichen Unrichtigkeiten ist man erstaunt, wenn man aus den handschriftlichen Aufzeichnungen den Eindruck gewonnen hat, daß Gauß wohl fast niemals Kontrollen angewendet, auch kaum eine Rechnung durch Wiederholung geprüft hat. Nur selten findet man korrigierte Zahlen, noch seltener durchstrichene Rechnungen. Wenn er eine Rechnung auf verschiedene Weise geführt hat, so hatte er nicht, wenigstens nicht in erster Linie den Wunsch, das Ergebnis zu sichern, sondern andre Wege auszuprobieren und er hatte offenbar Freude daran, auch bei kleinen Aufgaben sein Erfindertalent zur Geltung zu bringen. Das blos mechanische Rechnen machte ihm zwar keine Anstrengung, aber nahm doch sein Interesse wenig in Anspruch[1]). Dadurch lassen sich auch die oft auf den Rechenblättern zerstreuten Bemerkungen erklären, die häufig mathematische Entwicklungen ganz fern liegender Art enthalten, oder auch ganz andre Dinge betreffen.

In weitgehender Weise hat sich Gauß die Arbeiten durch Tafeln erleichtert, die er selbst berechnete, und bei deren Anlage und Anordnung sich ebenfalls eine besondere Begabung offenbarte. Da in solchen Tafeln, die nur bei völliger Korrektheit ihren Zweck erreichen, eine nicht geringe Arbeit steckt, dürfen sie gleichfalls als Beweis der Sicherheit und Schnelligkeit gelten, mit der Gauß rechnete.

Als die bekanntesten und verbreitetsten können die Tafeln der Gaußschen Additions- und Subtraktionslogarithmen angesehen werden. Gauß hat sie als „Tafel zur bequemern Berechnung des Logarithmen der Summe oder Differenz zweyer Größen, welche selbst nur durch ihre Logarithmen gegeben sind" in Zachs Monatlicher Correspondenz Band 26, 1812, S. 498—528 zuerst veröffentlicht, von wo sie dann zunächst in Prasses fünfstellige Logarithmentafeln (neu bearbeitet von Mollweide, Leipzig 1825) und später in sehr viele andre Tafelwerke übergingen[2]).

Hinweis von Gauß, daß sich der Mangel an mathematischer Bildung durch nichts so auffallend dokumentiere, wie durch maßlose Schärfe im Zahlenrechnen.

1) Gauß schreibt am 6. Juli 1802: „Ich sehne mich selbst recht nach einer solchen für den Geist interessanteren Arbeit und freue mich darauf als auf eine Erholung von den bisherigen Zahlenrechnungen, die, wenn man sich den Weg, den man nehmen will, einmal vorgezeichnet hat, eigentlich bloß eine mechanische Beschäftigung sind" (Briefw. G.-O. Nr. 32) und am 10. Mai 1805: „Das gar zu viele mechanische todte Rechnen, was ich dabei [bei einer Methode die Ceres-Störungen zu berechnen] vor mir sah, hat mich abgeschreckt" (Briefw. G.-O. Nr. 130).

2) Gauß schreibt darüber: „Meine Tafel für Logarithmen von Summen etc., die mir schon so vielen Nutzen geschafft hat und noch täglich schafft, ist von

Ein Gegenstück zu den Additionslogarithmen ist eine Tafel für den Unterschied der Summe und Differenz zweier Zahlen, die nur durch ihre Logarithmen gegeben sind, die ein Schüler von Gauß, v. Weidenbach, auf seine Veranlassung berechnet hat. Sie ist dem 7. Bande der Astronomischen Nachrichten 1829 (zu S. 384) beigefügt und absolut komplett, da die Relation zwischen Argument und Tafelwert gegenseitig ist[1]). Die Tafel ist mit einem Vorwort von Gauß eingeleitet, das wir als Anhang folgen lassen[2]).

Außer diesen zur allgemeinen Verwendung bestimmten Tafeln hat Gauß noch sehr viele Tafeln für besondere Zwecke berechnet.

Der Theoria motus hat er drei umfangreiche Tafeln beigefügt, von denen die erste, die für Kometenbahnen, deren Exzentrizität

---

mehreren Personen auf 7 Decimalen und den zehnfachen Umfang erweitert. Einmal von dem Senator Mathisson in Altona, dann von Werner. Letztere läßt Zach, wie mir Lindenau erzählte, zugleich mit einer neuen Ausgabe der gewöhnlichen Logarithmen drucken" (Briefw. G.-O. Nr. 289. 7. 1. 1815).

Gauß hat den Gedanken, solche Tafeln zu berechnen, bereits in einer Schrift von Leonelli (1806) vorgefunden, die er in der allgemeinen Literaturzeitung 1808 besprochen hat (Werke, Band VIII, Seite 121—127. Über ältere Versuche, das Logarithmieren von Summen und Differenzen zu vereinfachen, vergl. Wieleitner, Geschichte der Mathematik, Leipzig 1911. Sammlung Schubert LXIII Seite 10). Dabei hat er an den Vorschlägen von Leonelli zur wirklichen Ausführung einer solchen Tafel scharfe Kritik geübt. Die Tafel von Gauß bestand aus 3 Spalten, die den Werten $A = \log m$, $B = \log(1 + 1/m)$, $C = \log(1 + m)$ entsprechen, die auch als die doppelten Logarithmen der Tangenten, Kosekanten und Sekanten der Winkel von 45° bis 90° betrachtet werden können. Gauß bemerkt jedoch in dem erwähnten Briefe an Olbers (a. a. O. Nr. 289): „Wenn man statt derselben die Sinustafeln anwendet, so hat man 1. bei gleicher Anzahl von Decimalen nur die halbe Genauigkeit meiner Tafel, 2. eine Division mit 2, die dazu zwingt, wenigstens das Argument $\log b/a$, wirklich hinzuschreiben, was ich bei meiner Tafel niemals thue".

1) Vergl. Briefw. G.-Sch. Nr. 359. 4. 3. 1829.

2) Diese beiden Tafeln von Gauß und v. Weidenbach, ferner die Werke Band IX, Seite 456 abgedruckten sind auch in Jerome de La Landes logarithmisch-trigonometrische Tafeln, herausgegeben (und Herrn Hofrath Gauß aus innigster Verehrung gewidmet) von H. G. Köhler, Leipzig 1832, aufgenommen, letztere unter dem Titel: Des Herrn Hofrath Gauß Hülfstafel zum Höhenmessen mit dem Barometer (mit Gebrauchsanweisung und 2 Beispielen).

Ferner enthält die von Warnstorff besorgte zweite Auflage von Schumachers Sammlung von Hülfstafeln (Altona 1845) außer den Grundformeln und Differentialgleichungen der sphärischen Trigonometrie und der Interpolationsmethode für halbe Intervalle des Argumentes eine Tafel zur Verwandlung von Stundenwinkel und Deklination in Azimut und Höhe und die eben genannten Tafeln, um Höhenunterschiede aus Barometerbeobachtungen zu bestimmen, nach den Angaben von Gauß, worüber der Briefwechsel G.-Sch. Nr. 919—932 Aufschluß gibt. Vergl. den Aufsatz von Stäckel: Gauß als Geometer.

nur wenig von der Einheit abweicht, den Übergang von der wahren auf die mittlere Anomalie vermittelt, auch jetzt noch Verwendung findet[1]). Die zweite und dritte Tafel[2]) dienen zur Ermittlung des Verhältnisses vom Sektor zum Dreieck.

Umfangreiche Tafeln zur parabolischen Bewegung sind dann noch im Nachlaß aufgefunden, über deren Verwendung Gauß an Encke 1815 Mitteilungen gemacht hat[3]).

Auch für das geplante Werk über die Grundlagen der Triangulation von Hannover hatte Gauß eine Anzahl von Tafeln in Aussicht genommen, über deren Anordnung die im Nachlaß veröffentlichten einen .Anhalt geben können, von denen etwa ein Dutzend in Werke, Band IX enthalten sind. In den Untersuchungen über Gegenstände der höheren Geodäsie hat Gauß selbst Tafeln veröffentlicht. Der ersten Abhandlung ist eine Tafel für die Übertragung vom Sphäroid auf die Kugel angehängt[4]). Der zweiten Abhandlung folgt eine Tafel, die bei der Übertragung von Breite, Länge und Azimut (beziehungsweise der umgekehrten Aufgabe) für eine Breitenzone von drei Grad die von der Breite abhängigen Hilfsgrößen mit Bessels Abplattung gerechnet enthält[5]).

Wie man aus Band IX der Werke ersieht (S. 82 und 84) haben die Formeln und Tafeln erst allmählich die in der Abhandlung ihnen gegebene Gestalt angenommen. Von den übrigen geodätischen Tafeln seien nur noch die häufig gebrauchten für $\sqrt{1-e^2\sin^2\varphi}$ hervorgehoben (Bd. IX, S. 77, $\log 1/\sqrt{1-e^2\sin^2\varphi}$ S. 139, $\log 1/(1-e^2\sin^2\varphi)$ S. 160). Alle diese Tafeln sind im Wesentlichen auf das Gebiet der hannoverschen Gradmessung beschränkt, so daß sie zunächst nur für die eigenen Zwecke von Gauß bestimmt waren.

Tafeln zur Theorie des Erdmagnetismus, welche sowohl die von 5 zu 5^0 Breite und von 10 zu 10^0 Länge berechneten Werte von $\dfrac{V}{R}$, X, Y, Z, als auch die Deklination, Inklination, die ganze und die horizontale Intensität enthalten, sind mit Karten zusammen unter dem Titel: Atlas des Erdmagnetismus nach den Elementen der Theorie entworfen als Supplement zu den Resultaten aus den Beobachtungen des magnetischen Vereins, unter Mitwirkung von

---

1) Bauschinger hat in seinen Tafeln zur theoretischen Astronomie die Gaußsche Tafel mit einer geringen Modifikation aufgenommen, während allerdings v. Oppolzer das Verfahren ganz umgestaltet hat.

2) Vergl. Werke, Band VII, Seite 300. Berliner astronom. Jahrb. für 1814. S. 256.

3) Werke, Band VII, Seite 357 ff. und Seite 368. Vergl. Briefw. G.-O. Nr. 299. 29. 5. 1815.

4) Werke, Band IV, Seite 291 ff.

5) Werke, Band IV, Seite 335 ff.

C. W. B. Goldschmidt, von Carl Friedrich Gauß und Wilhelm Weber in Leipzig 1840 herausgegeben. (Vergl. Werke, Band V S. 150 ff.).

Eine vollständige Aufzählung aller, zumal der nur brieflich erwähnten Tafeln würde einen großen Raum beanspruchen, doch seien noch die Tafeln zur Bestimmung des Zeitwertes von einfachen Leibrenten und von Verbindungsrenten (Werke, Band IV, S. 173—183) genannt.

Wie Gauß bei den von ihm entworfenen und von ihm benutzten Tafeln einen großen Wert auf die Anordnung legte und bei letzteren sich an eine bestimmte Form gewöhnt hatte, so war dies auch bei der Aufstellung der Formeln der Fall. Hierdurch und durch eine sorgfältig durchdachte Bezeichnungsweise [1]) vermied er unnötige Überlegungen bei der Anwendung der Formeln. Er schrieb die Formeln in einer bestimmten Reihenfolge, wie dies z. B. bei den nach ihm benannten Gleichungen, die in der Theoria motus art. 34 und etwas verändert in Werke Bd. IV, S. 405 stehen, ersichtlich ist [2]). Dieselbe Bemerkung macht man bei der Vergleichung der Formeln der sphärischen Trigonometrie, bei denen die Reihenfolge der Funktionen und Buchstaben sich ihm wie ein musikalischer Klang eingeprägt haben mochte [3]). Auch hierbei hat

---

1) Gauß schreibt an Encke (Briefw. G.-E. Nr. 30. 9. 7. 1826): „Was mir bei dieser Ansarbeitung [Supplementum theoriae combinationis observationum] vorzüglich viel Plage macht, ist die Wahl der Bezeichnungen. Ihnen ist es nicht unbekannt, daß ich bei allen meinen Arbeiten darauf immer große Sorgfalt gewandt habe, gewöhnlich viel größere, als man nachher der Arbeit ansieht. Wenn das griechische Alphabet durchweg dem lateinischen correspondirte und die großen griechischen Buchstaben dann auch durchweg von den lateinischen verschieden wären, würde man den Zweck der größten elegantesten Übersichtlichkeit viel leichter erreichen. Das deutsche Alphabet ist mir immer nur ein Notbehelf, zu dem ich mich ungern entschließe, und ebensowenig mag ich die oben und unten zugleich accentuirten Buchstaben leiden. In dem gegenwärtigen Fall vergrößert sich die Schwierigkeit durch einen Nebenumstand. Nemlich fast alle Relationen in der 2ten Behandlung haben eine bewundernswürdige Analogie zu denen der ersten [theoria comb.], so daß sich analytisch betrachtet, fast ganz dieselben Gleichungen ergeben, obwohl hier die darin vorkommenden Größen etwas ganz andres bedeuten. Aber hin und wieder reichen die Alphabete nicht aus, immer eine symmetrische Bezeichnung zu gewinnen".

2) Aus einer dieser (von Delambre unabhängig aufgestellten) Gleichungen findet man die andern durch die mechanische Regel, daß man die Vorzeichen auf der einen Seite, die Funktionen auf der andern Seite wechselt, so lange es geht.

3) Vergl. Werke, Band VIII, Seite 290 und Briefw. G.-Sch. Nr. 930, wo er noch hinzufügt: „Wenn ich sage, daß ich diese Form für die beste halte, so meine ich damit nicht, daß andere Stellungen, die unwesentlich davon abweichen, nicht völlig eben so gut sind.

er auf seine Nachfolger einen Einfluß ausgeübt, den man unschwer bei Encke, Schreiber, Brünnow u. a. herausfindet.

Wollte man die rechnerische Begabung von Gauß in ihrem vollen Umfange würdigen, so dürfte man nicht seine Rechnungen mit Buchstabengrößen und insbesondere seine große Gewandtheit in der Entwicklung von Reihen übersehen, bei denen die oft komplizierten Zahlenkoeffizienten eine wichtige Rolle spielen. Während hierbei aber die Darstellung der mathematischen Methoden in den Vordergrund treten müßte, sind bei der Würdigung des praktischen Rechners doch einige Hinweise auf die besondern Verfahrungsweisen und Kunstgriffe geboten, die Gauß nur allein im Hinblick auf die numerische Berechnung ausgebildet hat. Hierbei ist es bewundernswert, wie mit mathematischer Zierlichkeit, um einen von Gauß selbst oft angewandten Ausdruck zu benutzen, und treffenden Bezeichnungen die unmittelbare Verwendbarkeit für die Zahlenrechnung oder für die logarithmische Rechnung vereinigt sind.

Durch die Gewohnheit des Gebrauchs abgestumpft würdigt man wohl kaum vollkommen die musterhafte Anordnung des Gaußschen Algorithmus bei der Ausgleichung nach der Methode der kleinsten Quadrate, und die vorteilhaften Bezeichnungen, wie sie in der Disquisitio de elementis Palladis zuerst angegeben sind und die sich dem Gedächtnis mühelos einprägen.

Ein Punkt, auf den Gauß in seinen Vorlesungen großes Gewicht zu legen pflegte, betrifft die Einführung von Näherungswerten für die gesuchten Größen. Hierdurch wird z. B. in der Ausgleichungsrechnung die Beschränkung auf eine geringere Stellenzahl in den Koeffizienten der Normalgleichungen und bei der Auflösung erreicht.

Bei vielen Aufgaben empfiehlt Gauß ein Verfahren allmählicher Annäherung, wenn eine direkte Methode zu weitläufig oder überhaupt nicht möglich ist. Dieses Verfahren hat die bekannteste Anwendung bei der Auflösung des Keplerschen Problems gefunden (Theoria motus art. 11, Werke, Band VII, S. 23). Zugleich ist dabei ein auch sonst von Gauß geübtes Bestreben bemerkenswert, die Beachtung der Vorzeichen (in diesem Falle bei den Verbesserungen des Näherungswertes) durch eine mechanische Regel zu erleichtern. Zu den approximativen Methoden gehört auch die indirekte Auflösung der Normalgleichungen, auf die Gauß in seinen Vorlesungen über die Methode der kleinsten Quadrate besonders hinzuweisen pflegte[1]), und von der ein Beispiel in Werke, Band IX, S. 265

---

1) Siehe: R. Dedekind, Gauß in seiner Vorlesung über die Methode der

gegeben ist. Ferner berührt sich mit diesen Gedankengängen die abwechselnde Auflösung der Winkel- und Seiten-Bedingungsgleichungen bei Ausgleichungen von Dreiecksnetzen, wobei aber die Umgestaltung der Gleichungen der zweiten Art wesentlich zur Erzielung einer rascheren Konvergenz beiträgt [1]).

Für die Ermittlung von u aus der Gleichung $g' \sin(G' + u) = g'' \sin(G'' + u)$ hat Gauß ebenfalls einen indirekten Weg gezeigt, obwohl er zwei elegante direkte Lösungen angegeben hat. Er benutzt dabei wieder wie beim Keplerschen Problem die logarithmischen Inkremente zur Verbesserung des Näherungswertes.

Die Aufgabe der ebenen Trigonometrie, aus zwei Seiten und dem eingeschlossenen Winkel die andern Stücke des Dreiecks zu berechnen, hat Gauß öfter beschäftigt. Die erwähnte Weidenbachsche Tafel wird hierbei mit Nutzen angewendet, wenn die Lösung auf die Form gebracht wird:

$$\frac{a+b}{a-b} \, \tang \tfrac{1}{2} C = \tang(B + \tfrac{1}{2} C).$$

Auch eine andre Art, die genannte Dreiecksaufgabe zu lösen, ist auf Gauß zurückzuführen, indem sie durchaus den Stempel seines Geistes trägt [2]): Hat man nämlich etwa mit fünfstelligen Logarithmen Näherungswerte der Winkel A und B auf die obige Art gefunden (Gauß stand nur die 5stellige Weidenbachsche Tafel für $\log \frac{1+x}{1-x}$ zur Verfügung), so wird die Winkelsumme $A + B + C$ auf ihren theoretischen Betrag (180^0 bezw. $180^0 +$ Exzeß) genau abgestimmt. Der Widerspruch, der sich bei strenger Rechnung nach dem Sinussatz zwischen den gegebenen Seiten ergibt, wird den logarithmischen Sinusdifferenzen proportional verteilt und man findet damit die Verbesserungen, die an die beiden Näherungswerte für A und B angebracht werden müssen, um ihre richtigen Werte der angewandten Stellenzahl entsprechend zu erhalten.

Der praktische Sinn von Gauß zeigt sich in einer Anzahl von Rechnungsvorschriften, von denen hier einige Erwähnung finden mögen [3]). Bei der Interpolation in die Mitte teilt er Schumacher

---

kleinsten Quadrate, Festschrift zur Feier des 150-jährigen Bestehens der Königl. Gesellschaft der Wissenschaften zu Göttingen, Berlin 1901, Seite 45—59.

1) Vergl. L. Krüger, Über die Ausgleichung von bedingten Beobachtungen in zwei Gruppen. Potsdam 1905.

2) Gerling hat diese Auflösung als von Gauß herrührend an O. Börsch mitgeteilt, wie L. Krüger von diesem erfahren hat.

3) Hier könnte auch auf die Vorschriften zur Berechnung der Ceres- und Pallas-Störungen hingewiesen werden, die in Werke Band VII enthalten sind, die

Briefw. G.-Sch. 913, 21. 7. 1844) ein Schema mit, nach dem die Interpolation zu machen sei. In Bezug auf die gleichzeitig mitgeteilte Formel bemerkt er: „Es versteht sich, daß die Zeichen der betreffenden Größen gehörig beachtet werden müssen: ich habe zwar einen Kunstgriff, die Aufmerksamkeit darauf zu ersparen". Man kann vermuten, daß er bei dieser Bemerkung die von Encke (Gesammelte mathematische und astronomische Abhandlungen Berlin, 1888, Band 1, Seite 17) erwähnte Vorschrift gemeint hat, wie er auch wohl die von Encke benutzte „Strichregel" gefunden haben dürfte [1]. (Vergl. Bruns, Grundlinien des wissenschaftlichen Rechnens, Leipzig 1903, Leipzig 1903, Seite 46.)

Eine sehr leistungsfähige Interpolationsformel für Logarithmen, deren Verwendung bei Tafeln mit hoher Stellenzahl in Betracht kommt, findet man in Werke, Band VII, Seite 369. Es wird hier ähnlich, wie bei der Musterrechnung, um p und P aus $A = p \cos P$, $B = p \sin P$ zu finden [2] (Werke, Band VIII, Seite 130), das geo-

---

aber vielfach von M. Brendel für eine zusammenhängende Darstellung ergänzt werden mußten.

1) Daß der Inhalt von Enckes Abhandlungen über Interpolation (Gesammelte Abhandlungen, Seite 1), über mechanische Quadratur (ebenda, Seite 21) und über die Berechnung der speciellen Störungen (Berliner astronomisches Jahrbuch für 1837 und für 1838) auf Vorträgen von Gauß aus den Jahren 1811 und 1812 beruht, geht aus Briefen von Encke an Gauß hervor. Über die Grundlagen, die Encke hierbei benützte, schreibt er aus Berlin den 28. März 1826 an Gauß (Briefw. G.-E. Nr. 50; C. Bruhns, Johann Franz Encke. Sein Leben und Wirken. Leipzig 1869. Seite 20): „Obgleich ich damals leider fast in allen Punkten sehr zurück war und besonders eine klare Vorstellung von der Differential- und Integralrechnung mir abging, so ersetzte doch mein sehr gutes Gedächtniss etwas diesen Mangel. Sobald die Vorlesung geschlossen war, eilte ich nach Hause und warf mit Hülfe Ihrer Formeln, die Sie mir auf einem besondern Zettel stündlich aufschrieben, den Gang Ihrer Vorträge flüchtig auf das Papier. Der Abend ward dann angewandt, um diese rohen Entwürfe so vollständig als es gehen wollte, auszuarbeiten und auf diese Weise entstand, wenn auch mit manchen Lücken, ein Heft, was indessen von dem Gepräge Ihres Geistes nur zu weit sich entfernte. Demungeachtet ist dieses Heft in Verbindung mit Ihren einzelnen eigenhändigen Papieren, die ich in der genauen Ordnung mir zusammengestellt habe, fast einzig das leitende Buch mir geblieben, und ich wüßte selten eine etwas allgemeinere Untersuchung, wo es mir nicht genügenden Aufschluß verschafft hätte. Noch jetzt wird es immer mehr vervollständigt, jemehr es mir gelingt, aus einzelnen Andeutungen den wahren Sinn Ihrer Behandlung mir deutlich zu machen".

2) Gauß schrieb immer zuerst den Kosinus, dann den Sinus, bei logarithmischer Rechnung subtrahierte er dann die obere von der unteren Zahl, um den Tangens zu erhalten. Hatte er aus $p \cos P = A$, $p \sin P = B$ auf diese Weise P gefunden, so ging er von $\log \tan P$ auf $\log \sin$ oder $\log \cos$ über, und zwar zu dem größeren, in der Tafel rechts stehenden Logarithmus, um p zu berechnen.

metrische Mittel aus der gegebenen und der gesuchten Zahl eingeführt, wobei Gauß wahrscheinlich sich dem gesuchten Werte durch Wiederholung der Rechnung näherte.

Nicht eigentlich in den Bereich der Kunstgriffe, sondern mehr in das mathematische Gebiet gehören die Vorschriften, um den Logarithmus Sinus eines kleinen Bogens zu finden, die aus dem Nachlaß in Band VII, Seite 299 und Band VIII, Seite 128 abgedruckt sind [1]). Sie verdienen aber deshalb hier eine Erwähnung, weil die Rechnung mit den eingeführten Hilfsgrößen sich durch sehr schnelle Konvergenz auszeichnet.

F. Klein hat in den Vorbemerkungen zum Gaußischen Tagebuch (Werke, Band X 1, Seite 486) die Eigenart des mathematischen Genius von Gauß hervorgehoben: „induktiv an der Hand von Zahlenrechnungen die Resultate zu finden, um hinterher langsam, in härtester Arbeit, die Beweise zu zwingen".

Auf ein Beispiel, das diesen Weg seines hell blickenden Erfindungsgeistes, durch Zahlenrechnungen mathematische Tatsachen aufzuspüren, besonders überraschend zeigt, weist die Tagebuchbemerkung Nr. 63 vom 29. März 1797 (Werke, Band X 1, Seite 517) hin. Bei seinen ersten Untersuchungen über lemniskatische Funktionen gelang es Gauß, durch zahlenmäßige Ausrechnung besonderer Werte von sin lemn und cos lemn die zwischen Lemniskatenlänge und Kreisumfang bestehende Beziehung aufzustellen, die er nach der Aufzeichnung Nr. 92 des Tagebuchs (Werke, Band X 1, Seite 535) erst im Juli 1808 beweisen konnte. Man darf vermuten, daß allein der Anblick der Zahl 4,81048 ($= N\bar{\omega}$ Werke, Band X 1, Seite 158) ihn darauf führte, daß ihr natürlicher Logarithmus mit $\frac{\pi}{2}$ übereinstimmt.

Ebenso bewundernswert ist es, wenn Gauß die Exponentialform der Koeffizienten einer (Werke, Band X 1, Seite 203 angegebenen) nach den Kosinus der Vielfachen eines Winkels φ fortschreitenden Reihe aus ihren Zahlenwerten errät und $1, e^{-\frac{1}{2}\pi}, e^{-2\pi}, e^{-\frac{9}{2}\pi}, e^{-8\pi}, e^{-\frac{25}{2}\pi}, e^{-18\pi} \ldots$ dafür findet. Auf ein Beispiel der Verschmelzung numerischer Rechnungen mit zahlentheoretischen Unter-

---

suchungen weisen die Erläuterungen zur Tagebuchbemerkung 112 hin (Werke, Band X 1, S. 551), wozu Werke, Band III S. 426 ff. zu vergleichen ist.

Verzeichnis der bei den Anführungen benützten Abkürzungen.

Briefwechsel G.-Sch. bezeichnet den Briefwechsel zwischen Gauß und Schumacher. Herausgegeben von C. A. F. Peters. Altona 1860—1865.
Band I: Nr. 1—237,
„ II: „ 238—510 und 226 a,
„ III: „ 511—729,
„ IV: „ 730—986,
„ V: „ 987—1237,
„ VI: „ 1238—1319.

Briefwechsel G.-O. zwischen Gauß und Olbers in W. Olbers, sein Leben und seine Werke, herausgegeben von C. Schilling. Berlin, 1894—1909.
Band II. 1. Abteilung: Nr. 1—380.
„ „ 2. „ : „ 381—767.

Briefwechsel G.-B. zwischen Gauß und Bessel. Herausgegeben auf Veranlassung der Kgl. Preuß. Akademie der Wissenschaften. Leipzig 1880.

Briefw. G.-G. zwischen Gauß und Gerling ist nicht veröffentlicht.

Briefw. G.-E. zwischen Gauß und Encke, ebenfalls nicht veröffentlicht.

Die Nummerierung bezieht sich überall auf die fortlaufenden Nummern (nicht auf die noch hinzugefügten der von Gauß allein verfaßten Briefe).

Anhang.

Vorwort von Herrn Hofrath Gauß zu der „Tafel um den Logarithmen von $\frac{x+1}{x-1}$ zu finden, wenn der Logarithme von x gegeben ist, von Herrn v. Weidenbach berechnet. Für die astronomischen Nachrichten [7, 1829, zu S. 384]. Copenhagen, 1829".

Gegenwärtige Tafel ist das Seitenstück zu der zuerst im Jahr 1812 bekannt gemachten und seitdem oft wieder abgedruckten Tafel für die Logarithmen von Summen und Differenzen, und von einer fast ebenso häufigen Brauchbarkeit. Der Zusammenhang der beiden Columnen ist der, daß, wenn die eine den Logarithmen von x darstellt, die andere den Logarithmen von $\frac{x+1}{x-1}$ giebt. Diese Beziehung ist eine gegenseitige, und daher die Tafel absolut vollständig, indem man jeden positiven Logarithmen entweder in der einen oder andern Columne antrifft. Anstatt die Argumente mit 0,382 anfangen zu lassen, hätte man sie auch von 0 anfangen und mit 0,383 schließen lassen können; die Tafel würde dann aber nicht so bequem für den Gebrauch ausgefallen sein.

Die Tafel ist von Hrn. v. Weidenbach ursprünglich auf sieben Decimalen berechnet, um die fünfte auf eine halbe Einheit verbürgen zu können; in den Fällen, wo zu der Entscheidung selbst sieben Ziffern noch nicht zureichten, sind sogar noch mehrere zugezogen.

Man sieht leicht, daß eine Hauptanwendung der Tafel bei der so häufig vorkommenden Aufgabe Statt findet, wo zwei unbekannte Größen p, P durch zwei Gleichungen

$$p \cos(P+A) = a$$
$$p \cos(P+B) = b$$

oder

$$p \sin(P+A) = a$$
$$p \sin(P+B) = b$$

oder

$$a \cos(P+A) = b \cos(P+B) = p$$

oder

$$a \sin(P+a) = b \sin(P+B) = p$$

bestimmt werden sollen. Es gehört dahin der Fall der ebenen Trigonometrie, wo aus zwei Seiten eines Dreiecks a, b und dem eingeschlossenen Winkel C die beiden andern Winkel A, B bestimmt werden sollen, und wo man bekanntlich

$$\frac{a+b}{a-b} \cdot \tang \tfrac{1}{2}C = \tang(B+\tfrac{1}{2}C)$$

hat; indem man hier a die größere gegebne Seite bedeuten läßt giebt die Tafel, wenn man in sie mit $\log a - \log b$ eingeht, ohne weiteres den Logarithmen von $\frac{a+b}{a-b}$, wozu man sonst, wenn man erst a und b aus den Logarithmen berechnen wollte, vier Aufschlagungen, oder wenn man nach der Form $\dfrac{\frac{a}{b}+1}{\frac{a}{b}-1}$ rechnete, drei, oder wenn man den Hülfswinkel einführte, dessen Tangente $\frac{a}{b}$ ist, doch zwei Aufschlagungen nöthig hätte. Beispiele in Zahlen hier beizufügen würde wohl überflüssig sein.

Gauß.

Inhaltsübersicht.

Materialien für eine wissenschaftliche Biographie von Gauss.

Gesammelt von **F. Klein, M. Brendel** und **L. Schlesinger.**

V. C. F. Gauss als Geometer.

Von

P. Stäckel in Heidelberg.

Vorgelegt in der Sitzung vom 26. Oktober 1917 durch Herrn F. Klein.

Verzeichnis der Abkürzungen.

W. für C. F. Gauß, Werke I—XI.

T. für das Wissenschaftliche Tagebuch, W. X 1, S. 488—572.

Br. G.-Sch. für Briefwechsel zwischen Gauß und Schumacher I—VI, Altona 1860—1865.

Br. G.-O. für Briefwechsel zwischen Gauß und Olbers, in W. Olbers, Sein Leben und seine Werke II 1 und II 2, Berlin 1900 und 1909.

Br. G.-Bessel für Briefwechsel zwischen Gauß und Bessel, Leipzig 1880.

Br. G.-Bolyai für Briefwechsel zwischen Gauß und W. Bolyai, Leipzig 1899.

P. Th. für P. Stäckel und F. Engel, Die Theorie der Parallellinien von Euklid bis auf Gauß, eine Urkundensammlung zur Vorgeschichte der nichteuklidischen Geometrie, Leipzig 1895.

Bol. für W. und J. Bolyai, Geometrische Untersuchungen herausgegeben von P. Stäckel; I. Leben und Schriften der beiden Bolyai, II. Stücke aus den Schriften der beiden Bolyai, Leipzig 1913.

Lob. für N. Jw. Lobatschefskij, zwei geometrische Abhandlungen, aus dem Russischen übersetzt, mit Anmerkungen und mit einer Biographie des Verfassers von F. Engel, Leipzig 1898—99.

Sartorius für W. Sartorius v. Waltershausen, Gauß zum Gedächtniß, Leipzig 1856.

Bachmann für P. Bachmann, Über Gauß' zahlentheoretische Arbeiten, diese Materialien, Heft 1, 1911; W. X 2, S. 1.

Schlesinger für L. Schlesinger, Über Gauß' Arbeiten zur Funktionentheorie, diese Materialien, Heft III, 1912; W. X 2, S. 77.

1.
Einleitung.

Gauß gehört zu den großen Mathematikern, deren eigentümliche Begabung schon in der ersten Jugend durch ungewöhnliche Leistungen im Zahlenrechnen hervortrat. Auch während er das Collegium Carolinum zu Braunschweig besuchte (1792—1795), hat er viel gerechnet; schon im Jahre 1794 erfand er die Methode der kleinsten Quadrate. Auf umfangreiches numerisches Beobachtungsmaterial gründen sich auch die 1795 beginnenden Untersuchungen in der höheren Arithmetik, die 1801 in den Disquisitiones arithmeticae einen ersten Abschluß erhalten. Neben die zahlentheoretischen Untersuchungen treten in diesen Jahren höchster Schaffenskraft die Entdeckungen auf dem Gebiete der elliptischen Funktionen, und auch die Algebra gehört, wie das Tagebuch[1]) zeigt und die Dissertation (1799) bestätigt, zu den mathematischen Gegenständen, denen sich der junge Gauß zuwendet. Im Vergleich zur Analysis steht die Geometrie im Hintergrunde; doch läßt eine Aufzeichnung im Tagebuch vom September 1799 (T. Nr. 99) schon die große Frage nach den Gründen der Geometrie anklingen.

Die nun einsetzende astronomische Periode, die sich bis etwa 1816 erstreckt, bringt nach Außen hin keine wesentliche Änderung, denn unter den Veröffentlichungen kommen nur Beiträge zur elementaren Geometrie in Betracht. Nachlaß und Briefwechsel zeigen jedoch, daß die Forschungen über die Grundlagen der Geometrie nicht geruht haben, und gerade in der Zeit zwischen 1810 und 1816 ist Gauß zu den grundlegenden Begriffen und Sätzen aus der Lehre von den krummen Flächen gelangt.

Mit dem Jahre 1816 beginnt die Zeit der Geodäsie. Vorbereitet durch theoretische Arbeiten über die kürzesten Linien auf dem Sphäroide, betätigt sich Gauß 1821 bis 1825 bei den Messungen im Felde. Den Weg zu Größerem bahnend, verfaßt er 1822 die Kopenhagener Preisschrift über die konforme Abbildung krummer Flächen, und 1828 erscheinen, als reife Frucht langer Mühen, die Disquisitiones generales circa superficies curvas, in denen aus

---

1) Das von Gauß während der Jahre 1799 bis 1815 geführte wissenschaftliche Tagebuch oder Notizenjournal ist abgedruckt W. X 1, S. 488—572; es wird im Folgenden mit T. angeführt.

den Anwendungen heraus ein neuer Zweig der reinen Mathematik selbständiges Leben gewinnt.

Noch zu einer zweiten Reihe von Untersuchungen hat die geodätische Tätigkeit den Anstoß gegeben, zu sehr eingehenden Forschungen über die Grundlagen der Geometrie. Hier ist Gauß nicht dazu gelangt, seine Gedanken ausführlich niederzuschreiben, und wir sind auf spärliche Notizen und einzelne Stellen in Briefen angewiesen.

Es folgt die Periode der mathematischen Physik. Als diese etwa 1841 geendet hat, kommt es zu einer Nachblüte der geometrischen Forschung. Es entstehen die beiden Abhandlungen über Gegenstände der höheren Geodäsie (1843 und 1846); die Grundlagen der Geometrie werden wieder aufgenommen und erweiterte Auffassungen gewonnen, geometrische Aufgaben verschiedener Art werden behandelt, und Gauß kehrt auch zu zwei Gebieten zurück, die ihn von jeher angezogen hatten und denen er hohe Bedeutung beimaß: zur Geometria situs und zur geometrischen Versinnlichung der komplexen Größen.

Wie Sartorius[1]) berichtet (S. 80), hat Gauß sich dahin geäußert, „in seiner frühesten Jugend habe ihm die Geometrie wenig Interesse eingeflößt, welches sich erst später bei ihm in hohem Maße entwickelt habe". Die Arithmetik war und blieb ihm die „Königin der Mathematik", deren Hofstaat die andern Zweige der Analysis angehörten. Gewiß war ihm das geometrisch - anschauliche Denken nicht fremd, aber bei seinen geometrischen Untersuchungen hat er fast überall die analytischen Methoden bevorzugt. „Es ist nicht zu leugnen", heißt es in der Besprechung der Beschreibenden Geometrie von Monge (W. IV, S. 359), „daß die Vorzüge der analytischen Behandlung vor der geometrischen, ihre Kürze, Einfachheit, ihr gleichförmiger Gang und besonders ihre Allgemeinheit sich gewöhnlich um so entschiedener zeigen, je schwieriger und verwickelter die Untersuchungen sind". Er war sich jedoch dessen wohl bewußt, daß „die logischen Hilfsmittel für sich nichts zu leisten vermögen und nur taube Blüten treiben, wenn nicht die befruchtende, lebendige Anschauung des Gegenstandes überall waltet" (W. IV, S. 366). Die Pflege der rein geometrischen Methoden hielt er für „unentbehrlich beim frühern jugendlichen Studium, um Einseitigkeiten zu verhüten, den Sinn für Strenge und Klarheit zu schärfen und den Einsichten eine Lebendigkeit und Unmittelbarkeit zu geben, welche durch die analytischen Methoden

---

1) Sartorius von Waltershausen, Gauß zum Gedächtniß, Leipzig 1856; im Folgenden mit Sartorius angeführt.

weit weniger befördert, mitunter eher gefährdet werden" (W. IV,
S. 360), und er wünschte, „daß auch die rein geometrischen Behand-
lungen fortwährend kultiviert werden und daß die Geometrie wenigstens einen Teil der neuen Felder, die die Analyse erobert, sich
aneigne" (W. II, S. 186).

Abschnitt I
Die Grundlagen der Geometrie.

2.
Allgemeines über die Arbeitsweise von Gauß.

Bei den Grundlagen der Geometrie zeigt sich in hohem Maße
eine Erscheinung, der wir bei Gauß wiederholt begegnen: der
Reichtum der Gedanken, die ihm, besonders in der Jugend, in
solcher Fülle zuströmten, daß er ihrer kaum Herr werden konnte
(Sartorius, S. 78), steht in Gegensatz zu dem geringen Umfang
dessen, was er aufgezeichnet, ausgearbeitet und veröffentlicht hat.
Wenn daher auch der folgende Bericht über die Arbeitsweise von
Gauß mehr in eine (noch fehlende) Schilderung seiner gesamten
wissenschaftlichen Persönlichkeit als in eine Darlegung seiner Arbeiten auf einem Teilgebiet der Mathematik zu gehören scheint, so
dürfte er doch als Grundlage für das Verständnis der folgenden
Ausführungen nützlich sein, zumal dabei der Zusammenhang mit
den Grundlagen der Geometrie nicht aus dem Auge verloren wurde.

Ein erster Grund für die Erscheinung, auf die wir hingewiesen
haben, liegt darin, daß die Größe des mathematischen Genies,
das sich in Gauß offenbarte, in der Vereinigung schöpferischer
und kritischer Kraft wurzelt. Diese Eigentümlichkeit erkennt
man schon in der Dissertation, und sie zeigt sich nicht weniger in
den Disquisitiones arithmeticae. In den späteren Veröffentlichungen
tritt die Kritik an den Leistungen anderer zurück, aber es bleibt
als auszeichnendes Merkmal die „Gaußsche Strenge".

Die Gaußsche Strenge erkennen wir schon äußerlich in der Form
der Darstellung. „Es war zu aller Zeit Gauß' Streben, seinen
Untersuchungen die Form vollendeter Kunstwerke zu geben; eher
ruhete er nicht, und er hat daher nie eine Arbeit veröffentlicht,
bevor sie diese von ihm gewünschte, durchaus vollendete Form
erhalten hatte. Man dürfe einem Bauwerke, pflegte er zu sagen,
nach seiner Vollendung nicht mehr das Gerüste ansehen" (Sar-

torius, S. 82). Dieser Grundsatz spricht sich auch in dem Siegel
aus, das Gauß benutzte; es zeigt einen Baum mit wenigen Früch-
ten und der Umschrift: Pauca, sed matura.

In Briefen an Schumacher, Encke und Bessel hat Gauß sich
darüber geäußert, warum er von dieser klassischen Darstellungs-
art nicht abgehen wollte und konnte.

Als er nach Abschluß der geodätischen Messungen im Felde
im Winter 1825/26 seine theoretischen Arbeiten wieder aufnimmt,
klagt er am 21. November 1825 Schumacher gegenüber: „Der
Wunsch, den ich immer bei meinen Arbeiten gehabt habe, ihnen
eine solche Vollendung zu geben, ut nihil amplius desiderari possit[1]),
erschwert sie mir freilich außerordentlich" (W. VIII, S. 400). Schumacher antwortet am 2. Dezember 1825: „In Bezug auf ihre
Arbeiten und den Grundsatz, ut nihil amplius desiderari possit,
möchte ich fast wünschen, und zum Besten der Wissenschaft wünschen, Sie hielten nicht so strenge daran. Von dem unendlichen
Reichtum Ihrer Ideen würde dann mehr uns werden als jetzt, und
mir scheint die Materie wichtiger als die möglich vollendetste Form,
deren die Materie fähig ist. Doch schreibe ich meine Meinung mit
Scheu hin, da Sie gewiß längst das pro und contra möglichst er-
wogen haben" (Br. G.-Sch. II, S. 41). Gauß erwiedert am 12. Februar 1826: „Ich war etwas verwundert über Ihre Äußerung,
als ob mein Fehler darin bestehe, die Materie zu sehr der vollen-
deten Form hintanzusetzen. Ich habe während meines ganzen wissenschaftlichen Lebens immer das Gefühl gerade vom Gegenteil gehabt,
d. i. ich fühle, daß oft die Form vollendeter hätte sein können
und daß darin Nachlässigkeiten zurückgeblieben sind. Denn so
werden Sie es doch nicht verstehen, als ob ich mehr für die
Wissenschaft leisten würde, wenn ich mich damit begnügte,
einzelne Mauersteine, Ziegel etc. zu liefern, anstatt eines Gebäudes, sei es nun ein Tempel oder eine Hütte, da gewissermaßen das
Gebäude auch nur Form der Backsteine ist. Aber ungern stelle
ich ein Gebäude auf, worin Hauptteile fehlen, wenngleich ich wenig
auf den äußeren Aufputz gebe. Auf keinen Fall aber, wenn Sie
sonst mit Ihrem Vorwurf auch Recht hätten, paßt er auf meine
Klagen über die gegenwärtigen Arbeiten, wo es nur das gilt, was
ich Materie nenne; und ebenso kann ich Ihnen bestimmt versichern, daß, wenn ich gern auch eine gefällige Form gebe, diese
vergleichungsweise nur sehr wenig Zeit und Kraft in Anspruch
nimmt oder bei früheren Arbeiten genommen hat" (Br. G.-Sch. II, S. 46).

---

1) Diese Wendung findet sich bei Euler, siehe z. B. Nova acta acad. sc.
Petrop. 4 (1786), 1789, S. 73.

Als Gauß bald darauf an Schumacher eine kleine Abhandlung über den Heliotropen für die Astronomischen Nachrichten sendet (W. IX, S. 472), fügt er hinzu: „Diesmal habe ich gewiß den Vorwurf nicht verdient, als ob ich der Form auf Kosten der Materie zuviel eingeräumt hätte, sondern eher das Gegenteil" (Brief vom 28. November 1826, Br. G.-Sch. II, S. 81), und Schumacher sieht sich jetzt veranlaßt, seine Meinung ausführlich auseinanderzusetzen. Am Schluß heißt es: „Ich glaubte, dies Ausfeilen könne ebenso gut ein anderer tun, und darin kann ich mich geirrt haben; worin ich mich aber nicht geirrt habe, ist die Behauptung, daß Sie das Erfinden nicht einem andern übertragen können. Jedes Jahr Ihres Lebens mehrt die Ihnen nur verständlichen Andeutungen neuer Ideen. Soll alles dieses verloren sein?" (Brief vom 2. Dezember 1826, Br. G.-Sch. II, S. 83).

Gauß verhielt sich solchen Anregungen gegenüber durchaus ablehnend.

„Ich weiß", schreibt er am 18. August 1832 an Encke, „daß einige meiner Freunde wünschen, daß ich weniger in diesem Geiste arbeiten möchte: das wird aber nie geschehen; ich kann einmal an Lückenhaftem keine rechte Freude haben, und eine Arbeit, an der ich keine Freude habe, ist mir nur eine Qual. Möge auch jeder in dem Geiste arbeiten, der ihm am meisten zusagt" (W. XI 1, S. 84).

Am 15. Januar 1827 berichtet er seinem Freunde Schumacher, er sei mit der Ausarbeitung der Abhandlung über die krummen Flächen ein gut Stück vorgerückt. „Ich finde dabei viele Schwierigkeiten, allein das, was man Ausfeilen oder Form mit Recht nennen könnte, ist doch keineswegs, was erheblich aufhält (wenn ich die Sprödigkeit der lateinischen Sprache ausnehme), vielmehr ist es die innige Verkettung der Wahrheiten in ihrem Zusammenhange, und eine solche Arbeit ist erst dann gelungen, wenn der Leser die große Mühe, die bei der Ausführung stattgefunden hat, gar nicht mehr erkennt. Ich kann daher nicht leugnen, daß ich keinen recht klaren Begriff davon habe, wie ich meine Arbeiten solcher Art anders, als ich gewohnt bin, ausführen könnte, ohne, wie ich mich schon einmal ausgedrückt habe, Mauersteine anstatt eines Gebäudes zu liefern. Ich habe wohl zuweilen versucht, über diesen oder jenen Gegenstand bloß Andeutungen ins Publikum zu bringen; entweder aber sind sie von Niemand beachtet oder wie z. B. einige Äußerungen in einer Reeznsion G. G. Anz. 1816, p. 619 [W. IV, S. 364, VIII, S. 170], es ist mit Kot darnach geworfen. Also, insofern von wichtigen Gegenständen die Rede ist, etwas im Wesen Vollendetes oder gar nichts" (Br. G.-Sch. II, S. 93). Solche Andeutungen finden sich zahlreich in den Jugendwerken, sie fehlen aber auch nicht in den späteren Schriften. Wie sorgfältig Gauß dabei verfuhr, zeigt der Brief an Encke vom 18. August 1832, wo es heißt: „Es ist von jeher mein gewissenhaft befolgter Grundsatz gewesen, solche Andeutungen, die aufmerksame Leser in jeder meiner Schriften in großer Menge finden (sehen Sie z. B. meine Disquis. Arithmet. pag. 593 [art. 335]) stets dann erst zu machen, wenn ich den Gegenstand für mich selbst ganz abgemacht habe" (W. XI 1, S. 84). Hiernach wird man im besonderen die vorher erwähnten Andeutungen in den Göttinger Anzeigen vom Jahre 1816 zu bewerten haben, die sich auf die Unbeweisbarkeit des Parallelenaxioms beziehen.

Es ist ein ˙merkwürdiger Zufall, daß Gauß bald, nachdem er sich bei Schumacher über die Erfolglosigkeit seiner Andeutungen beklagt hatte, am 24. Juli und 14. August 1827 (Br. G.-Sch. II, S. 105, 111) durch seinen Freund die beiden Briefe Jacobis erhielt, mit denen dessen Untersuchungen über die elliptischen Funktionen beginnen (Jacobi, Werke I, S. 29), und daß er nicht lange danach Abels Recherches kennen lernte, die ihm von seinen eigenen Untersuchungen „wohl ein Drittel vorwegnahmen" (Brief vom 30. Mai 1828, Br. G.-Sch. II, S. 177). Der ausschlaggebende Einfluß, den die berühmte Stelle im art. 335 der Disquisitiones arithmeticae (W. I, S. 412) auf Abel und Jacobi geübt hat, ist anerkannt. Hier hat ein von Gauß ausgestreutes Samenkorn hundertfältige Frucht getragen, und auch andere Andeutungen sind nicht auf steinigen Boden gefallen.

Fast ein Vierteljahrhundert später ist derselbe Streitpunkt zwischen den beiden Freunden noch einmal aufgetaucht, als nämlich Schumacher in den Astronomischen Nachrichten Jacobis Bearbeitung der Carlinischen Abhandlung über die Keplersche Gleichung abdruckte und Gauß jenem mitteilte (Brief vom 4. Dezember 1849, Br. G.-Sch. VI, S. 51), er habe die Aufgabe schon vor langer Zeit „auf eine ohne allen Vergleich kürzere Art aufgelöst" (W. X 1, S. 420—428). „Wenn ich nicht wüßte", hatte Schumacher geantwortet, „wieviel Zeit Ihnen die letzte Feile Ihrer Arbeiten kostet, so würde ich um Ihre Abhandlung bitten" (Brief vom 5. Dezember 1849, Br. G.-Sch. VI, S. 52). Gauß erwiedert, er sei nicht abgeneigt, eine ihm zu Teil werdende Muße zur Ausarbeitung einer Abhandlung über den Gegenstand zu verwenden; es werde aber erhebliche Zeit erfordert werden, um die ganze Theorie in einer ihm selbst genügenden Gestalt auszuführen. „Sie sind ganz im Irrtum, wenn Sie glauben, daß ich darunter nur die letzte Politur in Beziehung auf Sprache und Eleganz der Darstellung verstehe. Diese kosten vergleichungsweise nur unbedeutenden Zeitaufwand; was ich meine, ist die innere Vollkommenheit. In manchen meiner Arbeiten sind solche Inzidenzpunkte, die mich jahrelanges Nachdenken gekostet haben, und deren in kleinem Raum konzentrierte Darstellung nachher niemand die Schwierigkeit anmerkt, die erst überwunden werden muß" (Brief vom 5. Februar 1850, Br. G.-Sch. VI, S. 58).

Ähnliche Äußerungen finden sich in dem Briefe an Bessel vom 28. Februar 1839 (Br. G.-Bessel, S. 524); ihnen gegenüber vertritt Bessel in dem Briefe vom 28. Juni 1839 (Br. G.-Bessel, S. 526) mit großer Wärme den Standpunkt, den Schumacher in dem Briefe vom 2. Dez. 1826 eingenommen hatte.

Die vollendete Darstellung, bei der Archimedes und Newton für Gauß die Vorbilder waren, sollte nur das äußere Zeichen der inneren Vollkommenheit sein, und hier erst gewinnt das Wort von der Gaußschen Strenge seine wahre Bedeutung. Von den Geometern des 18. Jahrhunderts war in der Freude über die Fülle neuer Entdeckungen, zu denen die Infinitesimalrechnung die Mittel bot, die Sicherung der Grundlagen außer Acht gelassen worden. Sehr stark tritt das bei Euler hervor, · bei dem gerade die grundlegenden Betrachtungen viel zu wünschen übrig lassen[1]). Dagegen finden sich schon bei d'Alembert Ansätze zu einer kritischen oder besser skeptischen Auffassung, und Lagrange hat in der Théorie des fonctions analytiques geradezu das Ziel erstrebt, den Beweisen den Charakter einleuchtender Gewißheit und Strenge zu geben, der die Lösungen der Alten auszeichnet[2]). Der „rigor apud veteres consuetus" ist es, den der junge Gauß im bewußten Gegensatz zu den Gepflogenheiten des 18. Jahrhunderts auf seine Fahne geschrieben hat[3]). Im hohen Alter hat er Schumacher gegenüber seine Ueberzeugung mit folgenden Worten ausgesprochen: „Es ist der Charakter der Mathematik der neueren Zeit (im Gegensatz gegen das Altertum), daß durch unsere Zeichensprache und Namengebungen wir einen Hebel besitzen, wodurch die verwickeltsten Argumentationen auf einen gewissen Mechanismus reduziert

---

1) Vgl. etwa L. Schlesinger und F. Engel in der Vorrede zu Eulers Institutiones calculi integralis, Opera omnia, ser. I, vol. 11, Leipzig 1913, S. XIII.

2) J. L. Lagrange, Théorie des fonctions analytiques, Paris 1797; Oeuvres, t. 9, S. 184.

3) C. F. Gauß, Disquisitiones arithmeticae, Lipsiae 1801, Praefatio; W. I, S. 5.

werden. An Reichtum hat dadurch die Wissenschaft unendlich gewonnen, an Schönheit und Solidität aber, wie das Geschäft gewöhnlich betrieben wird, eben so sehr verloren. Wie oft wird jener Hebel eben nur mechanisch angewandt, obgleich die Befugnis dazu in den meisten Fällen gewisse stillschweigende Voraussetzungen impliziert. Ich fordere, man soll bei allem Gebrauch des Kalküls, bei allen Begriffsverwendungen sich immer der ursprünglichen Bedingungen bewußt bleiben, und alle Produkte des Mechanismus niemals über die klare Befugnis hinaus als Eigentum betrachten. Der gewöhnliche Gang ist aber der, daß man für die Analysis einen Charakter der Allgemeinheit in Anpruch nimmt und dem Andern, der so herausgebrachte Resultate noch nicht für bewiesen anerkennt, zumutet, er solle das Gegenteil nachweisen. Diese Zumutung darf man aber nur an den stellen, der seinerseits behauptet, ein Resultat sei falsch, nicht aber dem, der ein Resultat nicht für bewiesen anerkennt, welches auf einem Mechanismus beruhet, dessen ursprüngliche, wesentliche Bedingungen in dem vorliegenden Fall gar nicht zutreffen" (Brief an Schumacher vom 1. September 1850, W. X 1, S. 434).

Ein zweiter Grund für das Missverhältnis zwischen dem Reichtum an Gedanken, die „bei der unglaublichen Produktivität in dem mächtigen Gehirn auftauchten" (Sartorius, S. 79), und dem verhältnismäßig geringen Umfang der mathematischen Veröffentlichungen von Gauß liegt in Hemmungen innerer und äußerer Art, die bei seiner Art des Arbeitens dem Druckfertigmachen entgegenstanden.

In dem schon erwähnten Briefe an Bessel vom 28. Februar 1839 hatte Gauß mit einer bei ihm ungewöhnlichen Heftigkeit des Tones hervorgehoben, er brauche zum Ausarbeiten „Zeit, viel Zeit, viel mehr Zeit, als Sie sich wohl vorstellen mögen. Und meine Zeit ist vielfach beschränkt, sehr beschränkt". Solche Klagen über Mangel an Zeit für die theoretischen Untersuchungen wiederholen sich beständig in den Briefen. Die glücklichste Zeit seines Lebens sind wohl jene neun Jahre von 1799 bis 1807 gewesen, die er als Schützling des „edlen Fürsten, dem er alles, was er war, verdankte" (Brief an Olbers vom 23. Februar 1802, Br. G.-O. 1, S. 14) in Braunschweig zugebracht hat. Noch im Alter hat er dieser Jahre mit Rührung und Dankbarkeit gedacht. So schreibt er am 15. Februar 1845 an Encke über Eisenstein, der damals mit Unterstützung des Königs von Preußen in freier Muße seinen mathematischen Forschungen nachging: „Er lebt noch in der glücklichen Zeit, wo er sich ganz seiner Begabung hingeben kann, ohne daß er nötig hätte, sich durch irgend etwas Fremdartiges stören zu lassen. Ich werde lebhaft an die — längt verflossenen — Jahre erinnert, wo ich in ähnlichen Verhältnissen lebte. Von der andern Seite erfordern auch gerade die rein mathematischen Spekulationen eine unverkümmerte und unzerstückelte Zeit" (Brief im Gauß-Archiv).

Die Pflichten der Professur haben schwer auf Gauß gelastet, zunächst sein Amt als Leiter der Göttinger Sternwarte. „So sehr ich die Astronomie liebe", schreibt er am 28. Juni 1820 an Bessel (Br. G.-Bessel S. 353), „fühle ich doch das Beschwerliche des Lebens eines praktischen Astronomen, ohne Hilfe, oft nur zu sehr, am peinlichsten aber darin, daß ich darüber fast gar nicht zu irgend einer zusammenhängenden größeren theoretischen Arbeit kommen kann."

Hierzu traten seit 1821 die geodätischen Messungen, und wenn auch die mühsamen und zeitraubenden Arbeiten im Felde für Gauß selbst mit dem Jahre 1825 beendet waren, so behielt er doch die Oberaufsicht über die Triangulationen und führte die abschließenden Rechnungen. „Mehr als zwanzig Jahre hindurch", sagt Gaede[1]), „hat Gauß unter der ermüdenden Last dieses Geschäftes gelebt und gelitten, welches, wenn einmal in Gang gebracht und in zweckmäßiger Weise schematisch organisiert, von jedem andern ebenso gut hätte besorgt werden können, während Gauß durch die massenhafte, und sobald die Methode feststand, im Wesentlichen nur noch mechanische Rechen-Arbeit der Muße verlustig ging, deren er für seine schöpferische Tätigkeit auf spekulativem Gebiet, nach seinem eigenen Zeugnis, in hohem Maße bedurfte".

Dazu kam die Verpflichtung, Vorlesungen zu halten. „Für eine mathematische Lehrstelle hat er eine ganz entschiedene Abneigung", hatte Olbers am 3. November 1802 an Heeren in Göttingen geschrieben, als es sich um eine Berufung von Gauß an die dortige Universität handelte, „sein Lieblingswunsch ist, Astronom bei irgend einer Sternwarte zu werden, um seine ganze Zeit zwischen Beobachtungen und feinen, tiefsinnigen Untersuchungen zur Erweiterung der Wissenschaft teilen zu können" (Sartorius, S. 31). Allein seine Stellung an der Universität brachte es mit sich, daß er „das Handwerk eines Professors" (Sartorius, S. 96) ausüben mußte. Er hat es mit der ihm eigenen Gewissenhaftigkeit getan, aber schon in dem Briefe an Bessel vom 27. Januar 1816

---

1) Gaede, Beiträge zur Kenntniß von Gauß' praktisch-geodätischen Arbeiten, Zeitschrift für Vermessungswesen, Bd. 14, 1885; auch als selbständiges Werk, Karlsruhe 1885, erschienen, S. 68.

(Br. G.-Bessel, S. 232) nennt er das Kollegienlesen „ein sehr lästiges, undankbares Geschäft“, und ganz besonders bitter werden seine Klagen, als die Last der geodätischen Messungen hinzukommt. Die in Aussicht stehende Berufung nach Berlin veranlaßt ihn 1824 zu dem Ausruf: „Ich bin ja h i e r so weit davon entfernt, Herr meiner Zeit zu sein. Ich muß sie teilen zwischen Kollegia lesen (wogegen ich von jeher einen Widerwillen gehabt habe, der, wenn auch nicht entstanden, doch vergrößert ist durch das Gefühl, welches mich immer dabei begleitet, meine Zeit wegzuwerfen) und praktisch astronomische Arbeiten... Was bleibt mir also für solche Arbeiten, auf die ich selbst einen höhern Wert legen könnte, als flüchtige N e b e n - s t u n d e n? Ein anderer Charakter als der meinige, weniger empfind- lich für unangenehme Eindrücke, oder ich selbst, wenn manches andere anders wäre, als es ist, würde vielleicht auch solchen Nebenstunden noch mehr abgewinnen, als ich es im a l l g e m e i n e n kann“ (Brief an Bessel vom 14. März 1824, Br. G.-Bessel, S. 428). Es ließen sich den Briefen an die vertrauten Freunde noch zahl- reiche Klagen dieser Art entnehmen. Hier möge nur noch eine Stelle aus dem Briefe an Olbers vom 19. Februar 1826 (Br. G.-O. 2, S. 438) angeführt werden: „U n a b h ä n g i g k e i t, das ist das große Losungswort für die Geistesarbeiten in die Tiefe. Aber wenn ich meinen Kopf voll von in der Luft schwebenden geistigen Bildern habe, die Stunde heranrückt, wo ich Kollegien lesen muß, so kann ich Ihnen nicht beschreiben, wie angreifend das Abspringen, das Anfrischen heterogener Ideen für mich ist, und wie schwer mir oft Dinge werden, die ich unter andern Umständen für eine erbärmliche ABC-Arbeit halten würde. ... Inzwischen, lieber Ol- bers, will ich Sie nicht mit Klagen über Dinge [er]müden, die nicht zu ändern sind; meine ganze Stellung im Leben müßte eine andere sein, wenn dergleichen Widerwärtigkeiten nicht öfter ein- treffen sollten“.

Aus den vorstehenden Aeußerungen klingt heraus, daß es nicht nur Mangel an Muße war, der den Fortgang der theoretischen Forschungen hemmte, sondern daß in der Gemütsverfassung von Gauß Hinderungen lagen. „Es ist wahr“, schreibt er am 20. April 1848 an seinen Jugendfreund Bolyai (Br. G.-Bolyai, S. 132), „mein Leben ist mit Vielem geschmückt gewesen, was die Welt für beneidenswert hält. Aber glaube mir, lieber Bolyai, die h e r b e n Seiten des Lebens, wenigstens des meinigen, die sich wie der rote Faden dadurch ziehen und denen man im höheren Alter immer wehrloser gegenübersteht, werden nicht zum hundert- sten Teil aufgewogen von dem Erfreulichen. Ich will gern zu-

3 *

geben, daß dieselben Schicksale, die zu tragen mir so schwer geworden ist und noch ist, manchem andern viel leichter gewesen wären, aber die Gemütsverfassung gehört zu unserm Ich, der Schöpfer unserer Existenz hat sie uns mitgegeben, und wir vermögen wenig daran zu ändern". Es ist hier nicht der Ort, von dem Leid zu sprechen, das Gauß mehr als einmal in seinem Hause betroffen hat. Es hat „die Heiterkeit des Geistes", die er zur wissenschaftlichen Arbeit nötig hatte, „nur zu sehr und zu vielfach getrübt" (Brief an Bessel vom 28. Februar 1839, Br. G.-Bessel, S. 524).

Die Empfindlichkeit für unangenehme Eindrücke, von der Gauß in dem Brief an Bessel vom 14. März 1824 spricht, hat sicherlich dazu beigetragen, daß er es vermied, in seinen Veröffentlichungen Gegenstände zu berühren, die zu Streitigkeiten Anlaß geben konnten. Wie behutsam geht er in seiner Dissertation mit den imaginären Größen um, und gar ihre geometrische Deutung, die er nach seinem Zeugnis schon vor 1799 besaß, hat er damals unterdrückt und erst 1831 bekannt gemacht. Ebenso hat er seine antieuklidische Geometrie nicht zur Veröffentlichung ausgearbeitet. „Vielleicht wird dies auch bei meinen Lebzeiten nie geschehen, da ich das Geschrei der Böoter scheue, wenn ich meine Ansicht ganz aussprechen wollte" (Brief an Bessel vom 27. Januar 1829, W. VIII, S. 200).

Diese Scheu war verstärkt worden durch böse Erfahrungen, die Gauß machen mußte, als er 1816 in der Besprechung der Parallelentheorien von Schwab und Metternich (W. IV, S. 364, VIII, S. 170) Andeutungen über die Unbeweisbarkeit des elften Euklidischen Axioms gewagt hatte: „Es ist mit Kot darnach geworfen", schreibt er am 15. Januar 1827 an Schumacher (Br. G.-Sch. II, S. 94)[1]). Solche Angriffe hatte Gauß wohl im Auge, wenn er am 25. August 1818 an Gerling schrieb: „Ich freue mich, daß Sie den Mut haben, sich [in Ihrem Lehrbuch] so auszudrücken, als wenn Sie die Möglichkeit, daß unsere Parallelentheorie, mithin unsere ganze Geometrie, falsch wäre, anerkennten. Aber die Wespen, deren Nest Sie aufstören, werden Ihnen um den Kopf fliegen" (W. VIII, S. 179).

Dazu kam die geringe Meinung, die Gauß von der großen Mehrzahl der Mathematiker hatte. Bereits am 16. Dezember 1799 schreibt er an Wolfgang Bolyai, der ihm einen Versuch, das

---

1) Von wem der bösartige Angriff ausgegangen ist, hat sich noch nicht ermitteln lassen.

Parallelenaxiom zu beweisen, übersandt hatte: „Mach' doch ja Deine Arbeit bald bekannt; gewiß wirst Du dafür den Dank zwar nicht des großen Publikums (worunter auch mancher gehört, der für einen geschickten Mathematiker gehalten wird) einernten, denn ich überzeuge mich immer mehr, daß die Zahl der wahren Geometer äußerst gering ist und die meisten die Schwierigkeiten bei solchen Arbeiten weder beurteilen noch selbst einmal sie verstehen können — aber gewiß den Dank aller derer, deren Urteil Dir allein wirklich schätzbar sein kann" (W. VIII, S. 159). Als Wolfgang Bolyai dann im Jahre 1832 seinem Jugendfreunde die Scientia spatii absolute vera seines Sohnes Johann übersandt hatte, in der das Rätsel der Parallelenfrage gelöst war, antwortete dieser am 6. März 1832: „Die meisten Menschen haben gar nicht den rechten Sinn für das, worauf es dabei ankommt, und ich habe nur wenige Menschen gefunden, die das, was ich ihnen mitteilte, mit besonderem Interesse aufnahmen. Um das zu können, muß man erst recht lebendig gefühlt haben, was eigentlich fehlt, und darüber sind die meisten Menschen ganz unklar" (W. VIII, S. 221). Noch schärfer äußert sich Gauß in einem Briefe an Gerling vom 25. Juni 1815: „Mir däucht, es ist in mehr als einer Rücksicht wichtig, bei den Schülern den Sinn für Rigor wach zu erhalten, da die meisten Menschen nur gar zu geneigt sind, zu einer laxen Observanz überzugehen. Selbst unsere größten Mathematiker haben meistenteils in dieser Rücksicht etwas stumpfe Fühlhörner" (Brief im Gauß-Archiv). Ein gut Teil Menschenverachtung aber steckt in dem Rat, den Gauß am 29. September 1837 seinem jüngeren Freunde Möbius erteilt: „Man muß immer bedenken, daß, wo die Leser, für welche man schreibt, keinen Anstoß nehmen, es vielleicht gar nicht wohlgetan wäre, tiefer einzudringen, als ihnen frommt" (W. XI 1, S. 19).

Gauß hat bei seinen Klagen über mangelndes Verständnis wohl auch an die Briefe gedacht, die er im Jahre 1831 mit Schumacher gewechselt hatte, als dieser glaubte, das Parallelenaxiom bewiesen zu haben (W. VIII, S. 210—219). Schumacher ließ sich von der Unzulänglichkeit seines Verfahrens nicht überzeugen und sandte den ausführlichen Brief Gaußens vom 12. Juli 1831 an Bessel. „Eine tolle Geschichte", anwortete dieser am 1. Aug. 1831, „ist doch die im Gaußschen (hier zurückfolgenden) Briefe vorkommende, daß die Peripherien zweier Kreise von den Halbmessern r und r' nicht im Verhältnis $r:r'$ stehen sollen. Ich bezweifele dieses nicht, weil Gauß es sagt; allein diese Ungleichheit ist mir so wenig anschaulich, daß ich mir, nach dem alten Kulenkampschen Ausdruck[1]) kein Denkbild davon machen kann“ (Abschrift des Briefes im Gauß - Archiv).

Die Zurückhaltung, die Gauß übte, brachte die Gefahr mit sich, daß andere ihm zuvorkamen, und das ist auch wiederholt geschehen. Aber in diesem Punkte war Gauß unempfindlich. Am 30. Januar 1812 schreibt er an Laplace: „J’ai dans mes papiers beaucoup de choses dont peut-être je pourrai perdre la priorité de la publication, mais soit, j’aime mieux, faire mûrir les choses (W. X 1, S. 374), und als Abel seine Recherches veröffentlicht hatte, begnügt er sich damit festzustellen, daß der Norweger ihn in Bezug auf etwa ein Drittel der Sachen der Mühe überhoben habe, sie auszuarbeiten, „zumal da er alle Entwickelungen mit vieler Eleganz und Konzision gemacht“ habe (Brief an Bessel vom 30. März 1828, Br. G.-Bessel, S. 477). Bei Johann Bolyais Scientia spatii fand er es sogar höchst erfreulich, daß gerade der Sohn seines alten Freundes ihm auf eine so merkwürdige Art zuvorgekommen sei (Brief vom 6. März 1832, W. VIII, S. 221).

A. Von den Anfängen der nichteuklidischen Geometrie bis zur Entdeckung der transzendenten Trigonometrie (1792—1817).

3.
Einleitendes. Die Jugendzeit (1792—1795).

Als Jacobi am 5. August 1827, auf Grund eines Briefes, den Schumacher an ihn gerichtet hatte, Legendre mitteilte, Gauß habe schon 1808 einen Teil der von Jacobi in den Astronomischen Nachrichten veröffentlichten Sätze besessen (Jacobi, Werke, I, S. 394), antwortete Legendre am 30. November: „Comment se fait-il que M. Gauß ait osé vous faire dire que la plupart de vos théorèmes lui étaient connus et qu’il en avait fait la découverte dès 1808? Cet excès d’impudence n’est pas croyable de la part d’un homme qui a assez de mérite personel pour n’avoir pas besoin de s’approprier les découvertes des autres“ (S. 398), und am 14. April 1828 setzt er hinzu: „Il y a des gens comme M. Gauß, qui ne se feraient pas scrupule de vous ravir, s’ils le pouvaient, le fruit de vos recherches, et de prétendre qu’elles sont depuis longtemps en leur possession. Prétention bien absurde

---

1) Andreas Gottlieb Kulenkamp hieß der Inhaber des Handelshauses in Bremen, bei dem Bessel von 1799 bis 1806 tätig gewesen war.

assurément; car si M. Gauß était tombé sur de pareilles découvertes qui surpassent, à mes yeux, tout ce qui a été fait jusqu'ici en analyse, bien sûrement il se serait empressé de les publier" (S. 418).

Der Nachlaß von Gauß hat demgegenüber gezeigt, daß dieser bereits im Jahre 1797 begonnen hatte, die lemniskatischen Funktionen zu untersuchen, daß er bis zum Jahre 1800 die wesentlichen Eigenschaften der allgemeinen elliptischen Funktionen erkannt hatte und daß er im Jahre 1808 diese Untersuchungen wieder aufgenommen und sich dem Problem der Teilung zugewandt hatte, auf das sich jene von Jacobi entdeckten Sätze beziehen.

Ebenso sind in anderen Fällen die Angaben, die Gauß über seine mathematischen Entdeckungen gemacht hat, durch Aufzeichnungen im Nachlaß oder durch Briefe bis in die Einzelheiten hinein bestätigt worden. Wie konnte es auch anders sein bei einem Manne von so großer Wahrheitsliebe und Gewissenhaftigkeit? Dazu wurde Gauß durch ein ungewöhnlich treues Gedächtnis unterstützt. Auch hat er häufig die Aufzeichnungen aus den Jahren 1796 bis 1815 benutzt, die er sich in einem Notizenjournal oder Tagebuch gemacht hatte (W. X 1, S. 488—572); in der späteren Zeit pflegte er in Handbücher kurze Bemerkungen über die mathematischen Sätze einzutragen, die er in Briefen erwähnt hatte. Gewiß kommen gelegentlich Angaben vor, die einander zu widersprechen scheinen, allein in den allermeisten Fällen haben sie sich bei sorgfältiger Deutung in Uebereinstimmung bringen lassen, und so wird man den Äußerungen von Gauß über die Entstehung seiner Gedanken volles Vertrauen entgegenbringen dürfen.

Hiernach sind auch die Äußerungen zu beurteilen, die Gauß über die Anfänge seiner Beschäftigung mit den Grundlagen der Geometrie gemacht hat.

Am 28. November 1846 schreibt Gauß an Schumacher, er habe schon im Jahre 1792, also mit 15 Jahren, an eine Geometrie gedacht, „die stattfinden müßte und strenge konsequent stattfinden würde, wenn die Euklidische Geometrie nicht die wahre ist", das heißt, wenn das elfte Axiom nicht gilt (W. VIII, S. 238). Hiermit ist jedenfalls nur das erste Aufblitzen des Gedankens gemeint. Denn unmittelbar vorher, am 2. Oktober 1846, hatte Gauß zu Gerling geäußert, der Satz, daß in jeder vom Parallelenaxiom unabhängigen Geometrie der Flächeninhalt eines Vielecks der Abweichung der Summe der Außenwinkel von 360° proportional ist, sei „der erste, gleichsam an der Schwelle liegende Satz der Theorie, den ich schon im Jahr 1794 als notwendig erkannte" (W.

VIII, S. 266). Wir werden sehen, daß diese Beziehung zwischen dem Inhalt und der Winkelsumme eines Vielecks einen Angelpunkt der Gaußschen Theorie gebildet hat, und dürfen daher annehmen, daß der Zeitpunkt, wo er zu einer solchen grundlegenden Einsicht gelangt war, sich ihm fest eingeprägt hatte.

Als Wolfgang Bolyai seinem Jugendfreunde die Scientia spatii absolute vera seines Sohnes Johann übersandt hatte, bemerkte Gauß am 6. März 1832, der ganze Inhalt der Schrift komme fast durchgehends überein „mit seinen eigenen, zum Teile schon seit 30 bis 35 Jahren angestellten Meditationen" (W. VIII, S. 221). Man wird damit bis auf die Jahre von 1797 bis 1802 zurückgeführt. Zu dieser Zeit hat Gauß also angefangen, in weiterem Umfange die Folgen zu entwickeln, die sich ergeben, wenn man die Wahrheit des elften Euklidischen Axioms leugnet. In der Tat bringt das Tagebuch unter dem September 1799 (T. Nr. 99) die Eintragung: „In principiis geometriae egregios progressus fecimus". Worin diese ausgezeichneten Fortschritte bestanden haben, wird noch zu erörtern sein.

Gehen wir in der Reihe der Zeugnisse weiter. Kurz vorher, am 17. Mai 1831, hatte Gauß an Schumacher berichtet, er abeh „angefangen, einiges von seinen Meditationen über die Parallellinien aufzuschreiben, die zum Teil schon gegen 40 Jahr alt sind" (W. VIII, S. 213). Er geht also hier bis auf die keimhaften Ursprünge zurück, für die er die Jahre 1792 und 1794 genannt hatte. Dieselbe Datierung findet sich in dem Briefe an Taurinus vom 8. November 1824: „Ich vermute, daß Sie sich noch nicht lange mit diesem Gegenstande [der Parallelentheorie] beschäftigt haben. Bei mir ist es über 30 Jahr, und ich glaube nicht, daß jemand sich eben mit diesem zweiten Teil [wo die Winkelsumme des Dreiecks kleiner als zwei Rechte ist] mehr beschäftigt haben könne als ich, obgleich ich niemals darüber etwas bekannt gemacht habe" (W. VIII, S. 186).

<h2 style="text-align:center">4.</h2>

<h3 style="text-align:center">Fortschritte in den Grundlagen der Geometrie
(1795—1799).</h3>

Als Gauß im Oktober 1795 seine Studien in Göttingen begann, hatte er bereits, wie wir bemerkten, die schwache Stelle des Euklidischen Lehrgebäudes erkannt und war wenigstens bei dem Inhalt der Vielecke den Folgerungen nachgegangen, die sich aus der Verwerfung des Parallelenaxioms ergeben.

Untersuchungen über die Grundlagen der Geometrie haben gegen das Ende des achzehnten Jahrhunderts die Mathematiker und darüber hinaus weite Kreise der Gebildeten lebhaft beschäftigt. Von zwei Seiten waren Anregungen dazu gekommen.

Seit dem Ende des 17. Jahrhunderts hatten, um nur einige wichtige Namen zu nennen, Hume, Leibniz, d'Alembert die Frage nach dem Wesen der mathematischen Erkenntnis aufgeworfen, und durch Kants Kritik der reinen Vernunft (1781, 1787) war diese Frage geradezu in den Mittelpunkt der philosophischen Erörterungen gestellt worden. Dabei war es besonders die Parallelentheorie, an der sich Berufene und Unberufene versuchten, denn dem elften Euklidischen Axiom fehlte jenes Merkmal der einleuchtenden Gewißheit, die dem Apriorischen eigen sein sollte[1]); es ist deutlich zu erkennen, wie mit dem Jahre 1781 die Flut der Veröffentlichungen anschwillt, die sich auf die Parallelenfrage beziehen.[2])

Noch von einer anderen Seite kamen Einwirkungen. Der französische Umsturz führte zur Gründung neuer Hochschulen in Paris, der École polytechnique und der École normale, an die die bedeutendsten Mathematiker des Landes berufen wurden. Dies veranlaßte sie, zu den Elementen ihrer Wissenschaft zurückzukehren. Lagrange verschmähte es nicht, Vorlesungen über die Elemente der Arithmetik und Algebra zu halten[3]), und Legendre ließ 1794 seine Elemente der Geometrie erscheinen, die einen ungewöhnlichen Erfolg hatten und 1823 ihre zwölfte Auflage erlebten[4]). In der Parallelentheorie war Legendre bemüht gewesen, die bei Euklid vorhandenen Mängel zu beseitigen, aber die beständigen Änderungen bei den auf einander folgenden Auflagen zeigen, daß er auf schwankendem Boden stand; wie seine letzte, zusammenfassende Veröffentlichung vom Jahre 1833 erkennen läßt[5]), hat er sich niemals zu

---

1) I. Kant, Kritik der reinen Vernunft, 1. Aufl. 1781, S. 25, 2. Aufl. 1877 S. 39: „So werden auch alle geometrischen Grundsätze . . . niemals aus allgemeinen Begriffen . . ., sondern aus der Anschauung, und zwar a priori mit apodiktischer Gewißheit hergeleitet".

2) Vgl. das Literaturverzeichnis bei P. Stäckel und F. Engel, die Theorie der Parallellinien von Euklid bis auf Gauß, Leipzig 1895; im Folgenden angeführt mit P. Th.

3) J. L. Lagrange, Leçons élémentaires sur les mathématiques, données à l'École normale en 1795, Oeuvres t. 7, S. 183.

4) A. M. Legendre, Eléments de géométrie, Paris 1794, 12. éd. Paris 1823.

5) A. M. Legendre, Réflexions sur les différentes manières de démontrer la théorie des parallèles, Mém. de l'Acad., t. 12, année 1828, Paris 1833, S. 367.

dem Gedanken der Unbeweisbarkeit des elften Axioms erheben können[1].

Die Universität Göttingen nahm lebhaften Anteil an der Bewegung, deren Hervortreten soeben geschildert wurde. Professor der Mathematik war damals Kaestner (1719 — 1800). Er hat die Literatur über die Parallelentheorie eifrig gesammelt und eine noch heute wertvolle Dissertation, Klügels Recensio conatuum praecipuorum theoriam parallelarum demonstrandi vom Jahre 1763, veranlaßt. In dem Nachwort meint Kaestner, ein Beweis des Parallelenaxioms sei nur zu erhoffen durch eine genauere Ausbildung der Geometrie der Lage, die mit Leibniz untergegangen sei. Gegenwärtig bleibe nur übrig, offen die Forderung Euklids als solche auszusprechen; niemand, der bei gesunden Sinnen sei, werde sie bestreiten wollen. In seinen späteren Vorlesungen hat Kaestner „an der Möglichkeit der Lösung verzweifelnd mit unbegreiflicher Resignation, anstatt nach der wahren Demonstration zu forschen, ein blindes Annehmen angeraten" (P. Th. S. 139—141). Aehnlich wie Kaestner dachte auch sein Kollege an der Nachbar-Universität Helmstedt, Joh. Friedr. Pfaff (1765—1825), der meinte,

---

1) In dem Briefe an Olbers vom 30. Juli 1806 (W. VIII, S. 139, 165) bemerkt Gauß, es scheine sein Schicksal zu sein, in fast allen seinen theoretischen Arbeiten mit Legendre zu konkurrieren, und führt dafür an: die höhere Arithmetik, die transzendenten Funktionen, welche mit der Rektifikation der Ellipse zusammenhängen, die ersten Gründe der Geometrie und die Methode der kleinsten Quadrate.

Für die höhere Arithmetik kommt in Betracht Legendres Essay sur la théorie des nombres, Paris 1798, dessen Verhältnis zu den Disquisitiones arithmeticae Tschebyscheff in seiner Theorie der Kongruenzen (deutsch von Schapira, Berlin 1889) gut gekennzeichnet hat; im Besonderen ist noch das Reziprozitätsgesetz der quadratischen Reste zu nennen; vgl. Bachmann W. X 2, S. 14. Die elliptischen Integrale hat Legendre in dem grundlegenden Mémoire sur les transcendantes elliptiques, Paris 1794 behandelt und ihnen dann zwei umfangreiche Werke gewidmet: Exercices de calcul intégral, 3 Bände, Paris 1811 —1816; Traité des fonctions elliptiques, 3 Bände, Paris 1825—1832. Die Methode der kleinsten Quadrate entwickelt Legendre in den Nouvelles méthodes pour la détermination des orbites des comètes, Paris 1805, während die Theoria motus corporum coelestium von Gauß erst 1809 erschienen ist (vgl. auch W. VIII, S. 136—141 und X1, S. 373 und 380).

Hinzuzufügen wäre noch, daß Gauß und Legendre sich mit der Theorie und Praxis der Geodäsie beschäftigt haben und daß Legendres Satz über die Zurückführung eines kleinen sphärischen Dreiecks auf ein ebenes Dreieck mit ebenso langen Seiten auf die Untersuchungen von Gauß zur allgemeinen Lehre von den krummen Flächen anregend gewirkt hat. Auch bei der Anziehung der homogenen Ellipsoide sind beide zusammengetroffen; für Legendre sind hier zu nennen die Abhandlungen in den Mémoires des savants étrangers, t. 10, Paris

alles was sich tun ließe sei, das Parallelenaxiom durch ein einfacheres zu ersetzen, es zu simplifizieren (P. Th. S. 215).

Als Gauß nach Göttingen kam, habilitierte sich gerade für Mathematik J. Wildt (1770—1844) mit einer Probeschrift über die Parallelentheorie[1]). Ein Liebhaber auf diesem Gebiete war auch der außerordentliche Professor der Astronomie Carl Felix Seyffer (1762—1822). Im Jahre 1801 hat er zwei Besprechungen von Versuchen, das Parallelenaxiom zu beweisen, in den Göttinger Gelehrten Anzeigen veröffentlicht; sie zeigen, daß er die Schriften mit Verständnis und Urteil gelesen hatte; ja Seyffer war zu der Einsicht gekommen, daß „es mehr als zweifelhaft scheine, ob es überhaupt möglich sei, das elfte Axiom zu beweisen, ohne ein neues Axiom zu Hilfe zu nehmen" (P. Th. S. 214).

Während Gauß zu Kaestner und Wildt in kein näheres Verhältnis getreten ist, hat er mit Seyffer verkehrt und ist mit ihm bis zu dessen Tode im Briefwechsel geblieben. Ihre Unterhaltungen haben auch die Parallelentheorie betroffen, denn am 26. Juni 1801 schreibt Seyffer an Gauß: „Vielleicht ist es Ihnen nicht uninteressant, daß die Rezension in der hiesigen Zeitung [den Gött. Gel. Anzeigen] über die Theorie der Parallelen von Schwab von mir war. Ich wünschte, daß Sie mir Ihre lehrreichen Ideen hierüber gelegentlich sagten" (Brief im Gauß-Archiv).

Im Hause Seyffers hat Gauß seinen besten Jugendfreund, den Ungarn Wolfgang Bolyai kennen gelernt. „Als Wolfgang nach Göttingen kam", erzählt sein Sohn Johann, „traf er mit Gauß zufällig bei dem Professor [Seyffer] zusammen und äußerte sich da freimütig und entschieden über die Leichtfertigkeit der Behandlung der Mathematik; kurz darauf begegnete er Gauß am Walle beim Spazierengehen; sie näherten sich einander. Mein

---

1785 und in den Mémoires de l'Institut, année 1810, 2. partie, Paris 1814. Endlich sind noch die Arbeiten über das von Gauß mit Π, von Legendre mit Γ bezeichnete Eulersche Integral zu erwähnen (Exercices, t. I. S. 222—307).

Die Vergleichung der Leistungen zeigt, daß Legendre mit scharfem Blick die Stellen erkannt hatte, an denen die mathematische Forschung mit Erfolg einsetzen konnte. Seinem unermüdlichen Fleiß und analytischen Geschick ist eine Reihe schöner Erfolge zu Teil geworden, jedoch blieb er überall auf einer Stufe stehen, die zu überschreiten erst dem Genie von Gauß vergönnt war. Mit besonderer Deutlichkeit tritt dies bei den Grundlagen der Geometrie hervor.

1) J. Wildt, Theses quae de lineis parallelis respondent, Göttingen 1795. Wildt hat in den Göttinger Gelehrten Anzeigen, Jahrgang 1800, S. 1769—1772 drei „auf reiner Anschauung beruhende Beweise" des elften Axioms veröffentlicht.

Vater sprach unter anderem von seinen Gedanken behufs Erklärung der geraden Linie und der etwaigen Wege zum Beweise des elften Axioms, und der damals schon zum Koloß in den höheren Regionen der Wissenschaft, besonders der Zahlenlehre, emporgewachsene Gauß brach ergötzt, überrascht in die lakonischen Worte aus: Sie sind ein Genie; Sie sind mein Freund!, worauf sogleich das Band der Brüderschaft erfolgte"[1]. Über den Verkehr zwischen den beiden Freunden berichtet Wolfgang: „Er war sehr bescheiden und zeigte wenig; nicht drei Tage, wie mit Plato, jahrelang konnte man mit ihm zusammen sein, ohne seine Größe zu erkennen. Schade, daß ich dieses titellose, schweigsame Buch nicht aufzumachen und zu lesen verstand. Ich wußte nicht, wie viel er weiß, und er hielt, nachdem er meine Art sah, viel von mir, ohne zu wissen, wie wenig ich bin. Uns verband die wahre (nicht oberflächliche) Leidenschaft für die Mathematik und unsere sittliche Uebereinstimmung, so daß wir oft, mit einander wandernd, mit den eigenen Gedanken beschäftigt stundenlang wortlos waren" (Bol. S. 9).

Was Bolyai und Gauß über das Parallelenaxiom mit einander verhandelt haben, wissen wir nicht. Wohl aber wissen wir, daß Wolfgang, nachdem sein Freund im Herbst 1798 nach Braunschweig zurückgekehrt war, sich angestrengt bemüht hat, das Axiom zu beweisen und daß er im Mai 1799 sein Ziel erreicht zu haben glaubte. Ehe nämlich der Ungar Deutschland verließ, ist er noch einmal mit Gauß zusammengetroffen. Am 24. Mai 1799 haben die beiden zu Klausthal im Harz von einander Abschied genommen, und bei dieser Zusammenkunft hat Wolfgang von seiner „Göttinger Parallelentheorie" erzählt. Hierauf bezieht sich eine Stelle des Briefes von Gauß an Wolfgang vom 16. Dezember 1799: „Es tut mir sehr leid, daß ich unsere ehemalige größere Nähe nicht benutzt habe, um mehr von Deinen Arbeiten über die ersten Gründe der Geometrie zu erfahren; ich würde mir gewiß dadurch manche vergebliche Mühe erspart haben und ruhiger geworden sein, als jemand wie ich es sein kann, so lange bei einem solchen Gegenstande noch so viel zu desiderieren ist. Ich selbst bin in meinen Arbeiten darüber weit vorgerückt (wiewohl mir meine andern ganz heterogenen Geschäfte wenig Zeit dazu lassen); allein der Weg, den ich eingeschlagen habe, führt nicht so wohl zu dem Ziele, das man wünscht und welches Du erreicht zu haben versicherst, als viel-

---

[1] Wolfgang und Johann Bolyai, Geometrische Untersuchungen, herausgegeben von P. Stäckel, Leipzig 1913, 1. Teil: Leben und Schriften der beiden Bolyai, S. 8; im Folgenden angeführt mit Bol.

mehr dahin, die Wahrheit der Geometrie zweifelhaft zu machen" (W. VIII, S. 159).

Die Ergebnisse, zu denen Gauß, wie das Tagebuch (T. Nr. 99) zeigt, im September 1799 gelangt war, hat er in dem Briefe nur angedeutet. Er fährt fort: „Zwar bin ich auf manches gekommen, was den meisten schon für einen Beweis gelten würde, aber was in meinen Augen so gut wie N i c h t s beweist, z. B. wenn man beweisen könnte, daß ein geradliniges Dreieck möglich sei, dessen Inhalt größer wäre als jede gegebene Fläche, so bin ich im Stande die ganze Geometrie völlig strenge zu beweisen. Die meisten würden nun wohl jenes als ein Axiom gelten lassen; ich nicht; es wäre ja wohl möglich, daß, so entfernt man auch die drei Eckpunkte des Dreiecks im Raume von einander annähme, doch der Inhalt immer unter (infra) einer gegebenen Grenze wäre. Dergleichen Sätze habe ich mehrere, aber in keinem finde ich etwas Befriedigendes" (W. VIII, S. 159).

Aufzeichnungen über die Untersuchungen, von denen Gauß spricht, sind uns nicht erhalten. Es ist jedoch sehr wahrscheinlich, daß der Brief an Bolyai vom 6. März 1832 (W. VIII, S. 220) einen Teil dieser Untersuchungen wiedergibt. In diesem wiederholt angeführten Briefe sagt Gauß, daß er schon vor 30 bis 35 Jahren Meditationen über die Grundlagen der Geometrie angestellt habe und daß zu seiner Überraschung die Ergebnisse der Scientia spatii Johann Bolyais fast durchgehends damit übereinstimmten. In manchem Teile habe er etwas andere Wege eingeschlagen und als ein Specimen füge er in den Hauptzügen einen rein geometrischen Beweis des Lehrsatzes bei, daß in der antieuklidischen Geometrie die Differenz der Winkelsumme eines Dreiecks von 180° dem Flächeninhalte proportional ist. Der Beweis beginnt mit dem Satze, daß das asymptotische Dreieck, bei dem die drei Ecken im Unendlichen liegen, eine bestimmte endliche Area habe. Eine Herleitung wird nicht angegeben[1]). Für den Inhalt eines Dreiecks, bei dem eine Ecke im Endlichen liegt, während die Gegenseite zu den beiden anderen Seiten asymptotisch ist, ergibt sich dann eine Funktionalgleichung, die im Gebiete der stetigen Funktionen leicht gelöst werden kann, und weil ein ganz im Endlichen liegendes Dreieck aus solchen Drei-

---

1) Man kann durch eine einfache, nur die allerersten Eigenschaften der asymptotischen Geraden benutzende Zeichnung ein solches Dreieck in ein inhaltgleiches, ganz im Endlichen liegendes Viereck verwandeln. Vgl. H. Liebmann, Zur nichteuklidischen Geometrie, Leipziger Berichte, Bd. 58, 1906, S. 560; Nichteuklidische Geometrie, 2. Aufl., Leipzig 1912, S. 53.

ecken, bei denen eine Ecke im Endlichen liegt, zusammengesetzt werden kann, so folgt schließlich die zu beweisende Behauptung.

Wie immer auch Gauß im Jahre 1799 vorgegangen sein mag, so zeigt sein Brief vom 16. Dezember 1799 auf jeden Fall, daß er sich damals auf dem Wege befand, den vor ihm Saccheri (1733) und Lambert (1766) eingeschlagen hatten, nämlich planmäßig die Folgerungen zu entwickeln, die sich aus der Annahme ergeben, das Euklidische Parallelenaxiom sei nicht erfüllt. Da Gauß hierbei auf keinen Widerspruch kam, wurde ihm die Wahrheit der Euklidischen Geometrie zweifelhaft. Den Gedanken, daß die nichteuklidische Geometrie „wahr" sein könne, hatte übrigens schon Lambert offen ausgesprochen (P. Th. S. 200).

Hierbei erheben sich die Fragen, ob Gauß jene Arbeiten gekannt und wann er sie möglicher Weise kennen gelernt hat. Gewiß sind sie ihm in der Göttinger Universitätsbibliothek, die er als Student fleißig benutzt hat, zugänglich gewesen. Allein man muß bedenken, daß diese Schriften Wolfgang Bolyai unbekannt geblieben sind; dies geht mit voller Sicherheit aus den Äußerungen seines Sohnes hervor (Bol. S. 221—223).

Daß andererseits später in den Kreisen der Schüler von Gauß von Lamberts Theorie der Parallellinien gesprochen wurde, zeigen Briefe von Bessel an Encke vom 9. Juli 1821 und von Encke an Bessel vom 13. Oktober 1821 (Abschriften im Gauß-Archiv). Auch wird Lambert in dem Briefe Bessels an Gauß vom 10. Februar 1829 erwähnt (W. VIII, S. 201). Endlich besaß Gauß die Mathematischen Abhandlungen von J. W. H. Lehmann, Zerbst 1829, in denen Saccheri und Lambert angeführt werden; Randbemerkungen und Spuren des Gebrauches lassen schließen, daß Gauß darin gelesen und die auf die Parallelentheorie bezüglichen Stellen beachtet hat[1]).

Entscheidend für die Beurteilung der Leistung von Gauß ist der Umstand, daß weder Saccheri noch Lambert bis zur nichteuklidischen ebenen Trigonometrie vorgedrungen sind, wenn ihr auch Lambert durch den Gedanken, „die dritte Hypothese komme bei einer imaginären Kugelfläche vor" (P. Th. S. 203) nahe gekommen war; denn erst die Trigonometrie sichert für die Ebene die Widerspruchslosigkeit der absoluten Geometrie und führt damit zu der Überzeugung, daß alle Versuche, das Parallelenaxiom durch Konstruktionen in der Ebene zu beweisen, vergeblich sein müssen.

---

1) Vgl. den Aufsatz von P. Stäckel: F. A. Taurinus, Abhandlungen zur Geschichte der Mathematik, Heft 9, Leipzig 1899, S. 427.

5.

Schwanken und Zweifel (1799—1805).

Wir kehren zu den Beziehungen zwischen Gauß und Bolyai
zurück. Im Sommer 1799 nach Siebenbürgen zurückgekehrt, war
Wolfgang zunächst durch andere Geschäfte in Anspruch genommen
worden und hatte die Mathematik liegen lassen. Erst nachdem er
im Frühjahr 1804 die Professur für Mathematik und Physik am
evangelisch-reformierten Kollegium zu Maros-Vásárhely angetreten
hatte, nahm er die „Göttingische Parallelentheorie" wieder vor,
feilte sie aus und sandte den Entwurf am 16. September 1804 an
Gauß. „Ich kann den Fehler nicht entdecken, prüfe Du der Wahrheit getreu und schreibe mir so bald als nur möglich. ... Wenn Du
dieses Werkchen davor wert hieltest (ich setze den Fall), so schicke
es einer würdigen Akademie hin, daß es beurteilt werde" (Br. G.-
Bolyai, S. 65).

Wie stellte sich Gauß zu den Bemühungen seines Freundes,
das Parallelenaxiom zu beweisen? Anders, als man es nach seinem
Briefe vom 16. Dezember 1799 erwarten durfte. Er schreibt am
25. November 1804: „Ich habe Deinen Aufsatz mit großem Interesse und Aufmerksamkeit durchgelesen und mich recht an dem
echten gründlichen Scharfsinne ergötzt. Du willst aber nicht
mein leeres Lob, das auch gewissermaßen schon darum parteiisch
scheinen könnte, weil Dein Ideengang sehr viel mit dem meinigen
Ähnliches hat, worauf ich ehemals die Lösung dieses Gordischen
Knotens versuchte und vergebens bis jetzt versuchte. Du willst
nur mein aufrichtiges, unverhohlenes Urteil. Und dies ist, daß Dein
Verfahren mir noch nicht Genüge leistet. Ich will versuchen,
den Stein des Anstoßes, den ich noch darin finde (und der auch
wieder zu derselben Gruppe von Klippen gehört, woran meine
Versuche bis jetzt scheiterten) mit so vieler Klarheit, als mir möglich ist, ans Licht zu ziehen. Ich habe zwar noch immer die Hoffnung, daß jene Klippen einst, und noch vor meinem Ende eine
Durchfahrt erlauben werden. Indeß habe ich jetzt so manche andere Beschäftigungen vor der Hand, daß ich gegenwärtig daran
nicht denken kann, und glaube mir, es soll mich herzlich freuen,
wenn Du mir zuvorkommst und es Dir gelingt, alle Hindernisse
zu übersteigen. Ich würde dann mit der innigsten Freude alles
tun, um Dein Verdienst gelten zu machen und ins Licht zu stellen,
so viel in meinen Kräften steht" (W. VIII, S. 160).

Bolyai hat diese Aeußerungen als eine Ermunterung aufgefaßt, sich weiter um den Beweis zu bemühen, und mit Recht. „Meine Ideen gefielen ihm überhaupt gar sehr, und er machte mich [in dem Brief vom 25. November 1804] darauf aufmerksam, welch' hochwichtige Sache die Materie der Parallelen sei, obwohl er davon [von der Göttingischen Parallelentheorie] doch keineswegs befriedigt war" (Bol. S. 90). Am 27. Dezember 1808 sandte er an Gauß einen Nachtrag (Br. G.-Bolyai, S. 96, vgl. Bol. S. 223). Als dieser keine Antwort gab, ist der Briefwechsel bis zum Jahre 1816 unterbrochen worden. Etwa bis zu diesem Jahre hat Wolfgang hart mit dem zweitausendjährigen Problem gerungen, und hat schließlich nichts davon getragen, als die Einsicht, daß er alle seine Mühe verschwendet habe. „Schauderhafte, riesige Arbeiten habe ich vollbracht, habe bei Weitem Besseres geleistet, als bisher [geleistet wurde], aber keine vollkommene Befriedigung habe ich je gefunden; hier aber gilt es: si paullum a summo discessit, vergit ad imum" (Bol. S. 77).

Als Johann Bolyai von Wien aus, wo er seit 1818 Schüler der militärischen Ingenieur-Akademie war, im Frühjahr 1820 dem Vater mitteilte, daß er versuche, das elfte Axiom zu beweisen. war dieser aufs äußerste erschrocken und beschwor ihn mit den beweglichsten Worten, die Lehre von den Parallelen in Frieden zu lassen. „Verliere keine Stunde damit. Keinen Lohn bringt es, und es vergiftet das ganze Leben. Selbst durch das Jahrhunderte dauernde Kopfzerbrechen von hundert großen Geometern ist es schlechterdings unmöglich, [das elfte] ohne ein neues Axiom zu beweisen. Ich glaube doch alle erdenklichen Ideen diesfalls erschöpft zu haben. Hätte Gauß auch fernerhin seine Zeit mit Grübeleien über dem elften Axiom zugebracht, so wären seine Lehren von den Vielecken, seine Theoria motus corporum coelestium und alle seine sonstigen Arbeiten nicht zum Vorschein gekommen, und er ganz zurückgeblieben. Ich kann es schriftlich nachweisen, daß er seinen Kopf über die Parallelen zerbrach. Er äußerte mündlich und schriftlich, daß er fruchtlos darüber nachgedacht habe" (Bol. S. 90).

Durch die nachdrücklichen Warnungen seines Vaters wurde Johann nicht abgeschreckt, im Gegenteil, seine Begierde, um jeden Preis durchzudringen, wuchs auf das heftigste (Bol. S. 79). Gegen Ende des Jahres 1823 gelang es ihm, den Gordischen Knoten zu durchhauen. Die unerwartete Lösung, die er fand, war damals bereits im Besitz von Gauß, der, wie wir sehen werden, nach langen Zweifeln um das Jahr 1816 zur Gewißheit gekommen war.

Am Eingang des Briefes vom 25. November 1804 hatte Gauß

angedeutet, daß sein Ideengang Ähnlichkeit mit dem Wolfgangs habe. Dieser hatte die Linie betrachtet, die entsteht, wenn man in gleichweit von einander abstehenden Punkten einer Geraden nach derselben Seite Lote derselben Länge errichtet und die auf einander folgenden Endpunkte durch Gerade verbindet. Während man in der euklidischen Geometrie auf solche Art eine Parallele zur Grundlinie erhält, ergibt sich in der nichteuklidischen Geometrie ein gebrochener Linienzug, der aus gleich langen, unter gleichen Winkeln an einander stoßenden Strecken besteht. Bolyai hatte zu zeigen versucht, daß ein Linienzug der angegebenen Art, wenn man weit genug auf ihm fortgehe, die Grundlinie schneiden müsse; damit wäre nachgewiesen, daß die Annahme, das elfte Axiom gelte nicht, auf einen Widerspruch führt. Daß Gauß sich nach derselben Richtung hin versucht hat, wird durch eine Bemerkung bezeugt, die sich auf der letzten Seite des Handbuches „Mathematische Brouillons" findet (W. VIII, S. 163); allerdings beginnen die Aufzeichnungen des Handbuches erst mit dem Oktober 1805.

In der Zeit zwischen 1799 und 1804 hatte Gauß aber noch auf einem anderen Wege vorzudringen versucht. Notizen aus dem Jahre 1803 (W. X 1, S. 451) geben mehrere Ansätze, mittels geometrischer Konstruktionen und daraus abgeleiteter Funktionalgleichungen, also durch dasselbe Verfahren, das Gauß auch bei dem Dreiecksinhalt angewandt hat (siehe S. 45), die zwischen den Stücken eines Dreiecks geltenden Beziehungen herzuleiten. Damals sind seine Anstrengungen vergeblich gewesen; vielleicht liegt hierin der Grund, warum er gegenüber dem 1799 geäußerten Zweifel an der Wahrheit der Geometrie im Jahre 1804 von der Hoffnung spricht, noch vor seinem Ende eine Durchfahrt nach dem Hafen des Beweises für das Parallelenaxiom zu finden.

6.

Die Entdeckung der transzendenten Trigonometrie
(1805—1817).

Schumacher ist im Wintersemester 1808/9 in Göttingen gewesen, um sich bei Gauß zum Astronomen auszubilden; während dieser Zeit hat er Aufzeichnungen über seine Gespräche mit Gauß gemacht. Diese „Gaussiana" bringen unter dem November 1808 die Bemerkung: „Gauß hat die Theorie der Parallellinien darauf zurückgebracht, daß wenn die angenommene Theorie nicht

4

wahr wäre, es eine konstante, a priori der Länge nach gegebene
Linie geben müßte, welches absurd ist. Doch hält er selbst diese
Arbeit noch nicht für hinreichend" (W. VIII, S. 165). Hieraus
geht hervor, daß Gauß auch im Jahre 1808 noch schwankte. „Auf
die Worte: ‹ welches absurd ist › wollen wir dabei noch nicht
einmal das geringste Gewicht legen, denn es ist höchst wahrscheinlich, daß die Schumacher aus seinem Eigenen hinzugefügt hat,
wohl aber legen wir Gewicht auf den nachfolgenden Satz. Wenn
Gauß selber seine Untersuchungen noch nicht für abgeschlossen
hielt, so muß er noch immer halb und halb an Euklid geglaubt
haben; auf alle Fälle war er auch damals noch nicht vollständig
von der Unbeweisbarkeit des Parallelenaxioms überzeugt".[1]

Daß in der nichteuklidischen Geometrie, in der, ebenso wie in
der Sphärik, die Ähnlichkeit von Figuren aufhört, eine a priori
gegebene Einheit der Länge vorhanden ist, hatte schon 1766 Lambert erkannt (P. Th. S. 200), und Legendre hatte 1794 auf die
angebliche Widersinnigkeit eines solchen absoluten Maßes einen
Beweis des Parallelenaxioms gegründet.

Auch eine Bemerkung von Gauß aus dem Jahre 1813 ist wohl
in demselben Sinne aufzufassen: „In der Theorie der Parallellinien
sind wir jetzt noch nicht weiter als Euklid war. Dies ist die partie
honteuse der Mathematik, die früh oder spät eine ganz andere Gestalt bekommen muß" (W. VIII, S. 166). Man wird dabei an den
Ausspruch d'Alemberts vom Jahre 1759 erinnert: „Die Erklärung
und die Eigenschaften der geraden Linie sowie der parallelen Geraden sind die Klippe und sozusagen das Ärgernis (le scandale)
der Elementargeometrie".[2]

Ein anderer Ton wird in der Besprechung von zwei Beweis-
versuchen angeschlagen, die Gauß in den Göttinger Gelehrten
Anzeigen vom 20. April 1816 veröffentlicht hat (W. IV, S. 364,
VIII, S. 170). Hier spricht er von dem „eitelen Bemühen, die
Lücke, die man nicht ausfüllen kann, durch ein unhaltbares Gewebe
von Scheinbeweisen zu verbergen". Daß Gauß damit auf seine
Überzeugung von der Unbeweisbarkeit des elften Axioms hindeu-
ten wollte, wird durch den S. 30 angeführten Brief an Schumacher vom 15. Januar 1827 bestätigt. Ein weiteres Zeugnis

---

[1] F. Engel, Lobatschefskijs Leben und Schriften, in dem Werke: N. I.
Lobatschefskij, zwei geometrische Abhandlungen, herausgegeben von F. Engel,
Leipzig 1898—99, S. 380; im Folgenden angeführt mit Lob.

[2] J. d'Alembert, Mélanges de littérature, d'histoire et de philosophie, t.
V., 4. éd. Amsterdam 1767, S. 200.

dafür, daß er jetzt zur Gewißheit durchgedrungen war, ist der Brief an Gerling vom 11. April 1816, also gerade aus der Zeit, in der er jene Besprechung verfaßt hatte (W. VIII, S. 168). Gauß äußert sich hier, auf Gerlings Wunsch, zu dem vorher erwähnten Beweisversuch Legendres und sagt: „Es scheint etwas paradox, daß eine konstante Linie gleichsam a priori möglich sein könne; ich finde aber darin nichts Widersprechendes. Es wäre sogar wünschenswert, daß die Geometrie Euklids nicht wahr wäre, weil wir dann ein allgemeines Maß a priori hätten, z. B. könnte man als Raumeinheit die Seite desjenigen gleichseitigen Dreiecks annehmen, dessen Winkel $= 59^0\ 59'\ 59''$, 99999".

Gauß durfte sich mit solcher Entschiedenheit äußern, denn er war jetzt im Besitz der Trigonometrie, die in der nichteuklidischen Geometrie gilt. Wir wissen dies nicht aus Aufzeichnungen oder Briefen von Gauß, sondern durch einen glücklichen Zufall. Ebenfalls im April 1816 hatte Gauß den Besuch seines Schülers Wachter erhalten, der auf der Reise nach Danzig, wo er Professor am Gymnasium illustre geworden war, Göttingen berührte[1]). Wachter hatte kurz vorher in der Zeitschrift für Astronomie und verwandte Wissenschaften eine Besprechung derselben Parallelentheorie von Metternich veröffentlicht, mit der Gauß sich in den Göttinger Nachrichten vom 20. April 1816 beschäftigt hat, und so ist es erklärlich, daß die Unterhaltung sich auch den Grundlagen der Geometrie zuwandte. Hierauf bezieht sich ein Brief von Wachter an Gauß vom 12. Dezember 1816, in dem jener über Untersuchungen berichtet, die er, angeregt durch das Gespräch, über die „anti-euklidische Geometrie" angestellt hatte (W. VIII, S. 175). Wir erfahren hieraus, daß Gauß ihm von seiner transzendenten Trigonometrie gesprochen hatte; Wachter hatte sich vergeblich bemüht, einen Eingang in diese zu finden. Man wird daher annehmen dürfen, daß Gauß damals, wie er in einem bald darauf, am 16. März 1819, an Gerling geschriebenen Briefe sagt, die nichteuklidische Geometrie „so weit ausgebildet hatte, daß er alle Aufgaben vollständig lösen konnte, sobald die Konstante $= C$ gegeben wird" (W. VIII, S. 182).

Die jetzt gewonnene feste Stellung gibt sich kund in dem Briefe an Olbers vom 28. April 1817: „Ich komme immer mehr zu der Ueberzeugung, daß die Notwendigkeit unserer Geometrie nicht bewiesen werden kann, wenigstens nicht vom mensch-

---

1) Vgl. hierfür wie für die folgenden Angaben den Aufsatz von P. Stäckel: F. L. Wachter, Math. Annalen, Bd. 54, 1901, S. 49—85.

lichen Verstande noch für den menschlichen Verstand. Vielleicht kommen wir in einem andern Leben zu andern Einsichten in das Wesen des Raums, die uns jetzt unerreichbar sind. Bis dahin müßte man die Geometrie nicht mit der Arithmetik, die rein a priori steht, sondern etwa mit der Mechanik in gleichen Rang setzen" (W. VIII, S. 177).

Auf welchem Wege Gauß zur nichteuklidischen Trigonometrie gelangt ist, läßt sich nicht mit Sicherheit sagen. Im Nachlaß findet sich eine Herleitung der Formeln, die wahrscheinlich im Jahre 1846 niedergeschrieben ist (W. VIII, S. 255). In ihr wird das Verfahren der geometrischen Konstruktionen und daraus hergeleiteten Funktionalgleichungen angewandt, das Gauß, wie wir gesehen haben, schon im Jahre 1803, freilich ohne Erfolg, benutzt hatte, und es liegt daher nahe anzunehmen, daß er in der Zeit zwischen 1813 und 1816 auf diesem Wege vorgegangen ist; allein man darf hierin nicht mehr als eine Vermutung erblicken.

B. Der Ausbau der nichteuklidischen Geometrie (seit 1817).

7.

Die Zeit der Geodäsie und der Flächentheorie; Schweikart und Taurinus (1817—1831).

Die Andeutungen über die Unbeweisbarkeit des Parallelenaxioms in der Anzeige vom Jahre 1816 hatten nicht den von Gauß erwarteten Erfolg gehabt, und er hatte, das Geschrei der Böoter scheuend, sich entschlossen, bei Lebzeiten nichts über seine Ansichten bekannt zu machen. Um so mehr sehen wir ihn überrascht und erfreut, wenn er auf seinem einsamen Wege Gleichstrebende antrifft. Das ereignete sich mit Schweikart und Taurinus.

Der Rechtsgelehrte Schweikart (1780—1859) hatte 1807 eine Schrift zur Parallelentheorie veröffentlicht[1]), in der er beanstandete, daß man bei der üblichen Erklärung der Parallelen als einander nicht schneidender Geraden das Unendliche hereinziehe, und forderte, man soll beim Aufbau der Geometrie von der

---

1) F. C. Schweikart, Die Theorie der Parallellinien, nebst dem Vorschlage ihrer Verbannung aus der Geometrie, Jena und Leipzig 1807. Vgl. P. Th. S. 243—246.

Existenz der Quadrate ausgehen[1]). Später, zwischen 1812 und 1816, hatte er „ohne Hilfe des elften Euklidischen Axioms eine Geometrie, die er Astralgeometrie nannte, entwickelt" (Brief von Gerling an W. Bolyai vom 31. Oktober 1854, P. Th. S. 243) und, nachdem er 1816 aus Charkow an die Universität Marburg berufen worden war, 1818 mit seinem Kollegen Gerling darüber gesprochen. „Ich erzählte ihm darauf, wie Sie vor einigen Jahren [1816] öffentlich geäußert hätten, daß man seit Euklids Zeiten im Grunde hiermit nicht weiter gekommen sei; ja daß Sie gegen mich mehrmals geäußert hätten, wie Sie durch vielfältige Beschäftigung mit diesem Gegenstand auch nicht zum Beweis von der Absurdität einer solchen Annahme [einer nichteuklidischen Geometrie] gekommen seien" (Brief von Gerling an Gauß vom 25. Januar 1819, W. VIII, S. 180). Schweikart bat darauf Gerling, er möge eine kurze Aufzeichnung über seine „Astralische Größenlehre" (W. VIII, S. 180) an Gauß weitergeben und diesen ersuchen, ihn gelegentlich sein Urteil wissen zu lassen. In seiner Antwort erklärt Gauß, es sei ihm fast alles aus der Seele geschrieben (Brief vom 16. März 1819, W. VIII, S. 181). Er fand hier die Auffassung wieder, die er in dem Brief an Olbers vom 28. April 1817 ausgesprochen hatte und die er in dem Brief an Bessel vom 9. April 1830 (W. VIII, S. 201) noch stärker betont hat, daß der Raum eine außerhalb von uns vorhandene Wirklichkeit sei, der wir ihre Gesetze nicht vollständig vorschreiben können, deren Eigenschaften vielmehr nur auf Grund der Erfahrung vollständig festzustellen sind.[2])

Das von Schweikart gewählte Beiwort „astralisch" sollte ausdrücken, daß erst bei Abmessungen der Größe, wie sie in der Sternenwelt vorkommen, Abweichungen von der Euklidischen Geometrie beobachtet werden könnten. Es scheint Gauß gefallen zu haben, denn er hat es in späteren Aufzeichnungen angewendet (W. VIII, S. 232).

Ein Neffe von Schweikart, ebenfalls ein Rechtsgelehrter, Taurinus (1794—1874) hatte sich als junger Mann, angeregt durch die Schrift seines Onkels, mit der Parallelentheorie beschäftigt und im Oktober 1824 einen Beweisversuch an Gauß gesandt[3]);

---

1) In ähnlicher Weise war Clairaut, Éléments de Géométrie, Paris 1741, davon ausgegangen, daß das Vorhandensein von Rechtecken durch die Anschauung gegeben sei, und hatte daraus mit großer Klarheit die Sätze des ersten Buches der Euklidischen Elemente abgeleitet.

2) Vgl. auch die gegen Kant gerichteten Bemerkungen W. II, S. 177 und W. VIII, S. 224.

3) Für die folgende Darstellung vgl. P. Th. S. 246—252 und den Aufsatz

daß dieser sich mit den Grundlagen der Geometrie beschäftige, wußte er seit 1821 durch seinen Onkel. Gauß, der in Taurinus „einen denkenden mathematischen Kopf" erkannt hatte, antwortete in einem längeren Schreiben vom 8. November 1824; er hat darin seine Ansichten über das Parallelenaxiom ausführlich dargelegt, aber zugleich dem Empfänger des Briefes zur Pflicht gemacht, von dieser „Privat-Mitteilung auf keine Weise einen öffentlichen oder zur Öffentlichkeit führen könnenden Gebrauch zu machen" (W. VIII, S. 186—188).

Es muß hier genügen, aus dem Briefe die Hauptstellen anzuführen. „Die Annahme, daß die Summe der drei Winkel [des Dreiecks] kleiner sei als 180⁰, führt auf eine eigene, von der unsrigen (euklidischen) ganz verschiedene Geometrie, die in sich selbst durchaus konsequent ist und die ich für mich selbst ganz befriedigend ausgebildet habe, so daß ich jede Aufgabe in derselben auflösen kann mit Ausnahme der Bestimmung einer Konstante, die sich a priori nicht ausmitteln läßt. Je größer man diese Konstante annimmt, desto mehr nähert man sich der euklidischen Geometrie und ein unendlich großer Wert macht beide zusammenfallen. . . . Wäre die nichteuklidische Geometrie die wahre, und jene Konstante in einigem Verhältnisse zu solchen Größen, die im Bereich unserer Messungen auf der Erde oder am Himmel liegen, so ließe sie sich a posteriori ausmitteln".

Die freundliche Antwort, die der erste Mathematiker der Zeit ihm zukommen ließ, hat Taurinus gewiß angespornt, seine Untersuchungen mit erhöhtem Eifer fortzusetzen. In seiner 1825 veröffentlichten Theorie der Parallellinien ist er zwar von der unbedingten Giltigkeit des Parallelenaxioms überzeugt, aber er beginnt die Folgen zu entwickeln, die sich aus dessen Verwerfung ergeben, und gelangt so seinerseits zu jener Konstanten, die einer nichteuklidischen Geometrie eigen sein müßte; in der gleichzeitigen Möglichkeit unendlich vieler solcher Geometrien, die jede für sich genommen widerspruchslos sind, sieht er jedoch einen ausreichenden Grund, sie alle abzuweisen.

Gauß, dem die Schrift zugesandt wurde, hat sich eben so wenig dazu geäußert wie zu einer zweiten, den 1826 veröffentlichten Geometriae prima elementa[1]). Hier ist Taurinus

---

von P. Stäckel: F. A. Taurinus, Abhandlungen zur Geschichte der Mathematik, Heft 9, Leipzig 1899, S. 397.

[1]) Dies geht aus dem Briefe von Taurinus an Gauß vom 29. Dezember 1829 hervor (Brief im Gauß-Archiv). Vermutlich hatte Gauß daran Anstoß genommen,

auf die „neue Geometrie" genauer eingegangen und hat die Formeln der zugehörigen Trigonometrie sozusagen mit einem Schlage gewonnen, indem er in den entsprechenden Formeln der sphärischen Trigonometrie den Halbmesser der Kugel imaginär setzte. Aber noch mehr, er hat diese Formeln sogleich zur Lösung einer Reihe von Aufgaben angewandt und zum Beispiel den Umfang und den Inhalt des Kreises, die Oberfläche und das Volumen der Kugel richtig berechnet.

Die Gedanken von Taurinus sind unbeachtet geblieben. „Der Erfolg bewies mir", schreibt er am 29. Dezember 1829 an Gauß, „daß Ihre Autorität dazu gehört, ihnen Anerkennuug zu verschaffen, und dieser erste schriftstellerische Versuch ist, anstatt, wie ich gehofft hatte, mich zu empfehlen, für mich eine reiche Quelle von Unzufriedenheit geworden" (Brief im Gauß-Archiv).

Im fünften Abschnitt dieses Aufsatzes wird ausführlich über die Untersuchungen berichtet werden, die Gauß in der Zeit von 1816 bis 1827 über die allgemeine Lehre von den krummen Flächen angestellt hat. Erst dort soll auf die Zusammenhänge mit den Grundlagen der Geometrie eingegangen und im Besonderen die Frage erörtert werden, ob Gauß die Beziehung zwischen der absoluten Geometrie und der Geometrie auf den Flächen konstanten Krümmungsmaßes gekannt hat. Auch die Ansichten Gaußens über mehrdimensionale Mannigfaltigkeiten werden dann zur Sprache kommen.

Bald nach der Vollendung der Disquisitiones generales circa superficies curvas (Oktober 1827), die, wie Gauß am 11. Dezember 1825 an Hansen schrieb, „tief in vieles Andere, ich möchte sogar sagen, in die Metaphysik der Raumlehre eingreifen" (Brief im Gauß - Archiv), hat sich Gauß erneut den Grundlagen der Geometrie zugewandt. Am 27. Januar 1829 berichtet er an Bessel: „Auch über ein anderes Thema, das bei mir fast schon 40 Jahr alt ist, habe ich zuweilen in einzelnen freien Stunden wieder nachgedacht, ich meine die ersten Gründe der Geometrie. . . . Inzwischen werde ich wohl noch lange nicht dazu kommen, meine s e h r a u s g e d e h n t e n Untersuchungen darüber zur öffentlichen Bekanntmachung auszuarbeiten, und vielleicht wird dies auch bei meinen Lebzeiten nie geschehen, da ich das Geschrei der Böoter scheue, wenn ich meine Ansicht g a n z aussprechen wollte" (W. VIII, S. 200).

daß er von Taurinus in der Vorrede zur Theorie der Parallellinien (S. XIII) und in der Vorrede der Elementa (S. V—VI) erwähnt worden war.

Von den Untersuchungen, auf die Gauß hindeutet, ist uns
nur eine kurze Notiz vom November 1828 erhalten, in der unabhängig vom elften Axiom bewiesen wird, daß die Winkelsumme des
Dreiecks nicht größer sein kann, als zwei Rechte (W. VIII, S.
190)[1]). Aber im April 1831 hat er begonnen, einiges von seinen
Meditationen aufzuschreiben. „Ich wünschte doch, daß es
nicht mit mir unterginge" (Brief an Schumacher vom 17. Mai
1831, W. VIII, S. 213).

Als diese Niederschriften darf man drei Zettel ansprechen, die
aus dem Nachlaß W. VIII, S. 202—209 abgedruckt sind. In der
Notiz [3], die wohl die früheste ist, und von der [1] und [2] nur
genauere Ausführungen sind[2]), werden die grundlegenden Eigenschaften der parallelen oder, nach Johann Bolyai, asymptotischen
Geraden hergeleitet, und in der letzten Nummer gelangt Gauß
zu dem Parazykel, der Kurve, in die der Kreis übergeht, wenn der
Halbmesser unendlich wird. Er nennt sie Trope, also Wendekreis
(cercle tropique), ein deutliches Zeichen, daß er den Parazykel als
den Uebergang von den eigentlichen Kreisen zu den Hyperzykeln
aufgefaßt hat. Der Gang der Entwicklung hat große Ähnlichkeit
mit dem von Johann Bolyai in der Scientia spatii.

Ein Ersatz für weitere Aufzeichnungen, freilich ein spärlicher,
ist der Brief an Schumacher vom 12. Juli 1831, in dem Gauß die
Folgen bespricht, die das Aufhören der Ähnlichkeit in der nichteuklidischen Geometrie nach sich zieht und die dort geltende Formel für den Umfang des Kreises angibt (W. VIII, S. 215). Es ist
leider nur wenig, was wir von jenen sehr ausgedehnten Untersuchungen wissen, und auch aus den folgenden Jahren wird nur
wenig hinzukommen.

8.

Die weitere Entwicklung bei Gauß;
Johann Bolyai und Lobatschefskij (1831 — 1846).

Am 3. November 1823 hatte Johann Bolyai aus Temesvar,
wo er als Pionierleutnant stand, seinem Vater mitgeteilt, er habe
„aus Nichts eine neue, andere Welt geschaffen". Im Februar 1825
konnte er ihm den ersten Entwurf seiner absoluten Raumlehre

---

1) Dasselbe Verfahren hatte schon Legendre in der zweiten Auflage der
Éléments de géométrie (1798) angewandt.

2) Nach einer brieflichen Mitteilung von H. S. Carslaw (Sydney) ist in Nr. 4
der Notiz [3] der Fall übersehen, daß die Geraden cb und 1 einander nicht schneiden; diese Lücke ist in der Notiz [1], Nr. 4, Fall II ausgefüllt.

vorlegen. Wolfgang war jedoch damit nicht einverstanden; besonders nahm er Anstoß an dem Auftreten der an sich unbestimmten Konstanten und der dadurch bedingten Vielheit der möglichen hypothetischen Systeme (Bol. S. 87). Vater und Sohn konnten sich nicht einigen, und schließlich kam man überein, Johann möge das Wesen der Sache in lateinischer Sprache darstellen, die kleine Abhandlung solle dem von Wolfgang geplanten T e n t a m e n[1]) beigegeben und einer der herzustellenden Abzüge an Gauß gesandt werden; seinem Urteil über Wert oder Unwert wollten sich beide unterwerfen.

Im Juni 1831 wurden die Sonderabzüge des A p p e n d i x s c i e n t i a m s p a t i i a b s o l u t e v e r a m e x h i b e n s fertig, und am 20. Juni wurde einer davon an Gauß abgesandt. Jedoch gelangte „der fatalen Choleraumstände wegen" nur der gleichzeitig abgegangene Brief an Gauß in dessen Hände, an dessen Schluß Wolfgang, wie er an Johann schrieb, „eine kleine, klare Idee der Arbeit gab, damit er nicht im voraus sich grause vor der Materie". Der Sonderabzug selbst kam nach längerer Zeit an Wolfgang zurück und ist Anfang Februar 1832 durch einen Bekannten der Bolyais, dem in Göttingen studierenden Baron v. Zeyk, Gauß übergeben worden (Bol. S. 91—92).

Unter dem ersten Eindruck, den die Schrift auf ihn machte, schrieb dieser am 14. Februar 1832 an Gerling: „Noch bemerke ich, daß ich dieser Tage eine kleine Schrift aus U n g a r n über die nichteuklidische Geometrie erhalten habe, worin ich alle m e i n e e i g e n e n I d e e n u n d R e s u l t a t e wiederfinde, mit großer Eleganz entwickelt, obwohl in einer für jemand, dem die Sache fremd ist, wegen der Konzentrierung etwas schwer zu folgenden Form. Der Verfasser ist ein s e h r junger österreichischer Offizier, Sohn eines Jugendfreundes von mir, mit dem ich 1798 mich oft über die Sache unterhalten hatte, wiewohl damals meine Ideen noch viel weiter von der Ausbildung und Reife entfernt waren, die sie durch das eigene Nachdenken dieses jungen Mannes erhalten haben. Ich halte diesen jungen Geometer v. Bolyai für ein Genie erster Größe" (W. VIII, S. 220).

Am 6. März folgte der wiederholt angeführte Brief an Wolfgang, in dem Gauß seine Überraschung über das Zusammentreffen mit Johann ausdrückt und bittet, diesen herzlich von ihm zu grüßen und ihm seine besondere Hochachtung zu versichern

---

1) W. Bolyai, Tentamen iuventutem studiosam in elementa matheseos . . . introducendi, t. I, Maros Vásárhely 1832, ed. secunda, Budapest 1897.

(W. VIII, S. 220—224). „Gaußens Antwort hinsichtlich Deines Werkes“, schrieb Wolfgang an den Sohn, „ist sehr schön und gereicht unserem Vaterlande und unserer Nation zur Ehre. Ein guter Freund sagt, es wäre eine große Satisfaktion“ (Bol. S. 72). Johann selbst hat es als eine große Enttäuschung und Kränkung empfunden, daß Gauß den Appendix keiner öffentlichen Anerkennung würdigte und das Vorrecht der ersten Entdeckung für sich in Anspruch nahm (Bol. S. 95—97).

Wie schon erwähnt wurde, gibt Gauß in dem Briefe als Probe ihm eigentümlicher Untersuchungen einen einfachen Beweis für den Satz, daß in der nichteuklidischen Geometrie der Inhalt des Dreiecks der Abweichung der Winkelsumme von zwei Rechten proportional ist; der Umstand, daß damals die Erinnerungen an den Verkehr mit Wolfgang in ihm wiederauftauchten, macht es wahrscheinlich, daß wir hierin einen Teil der Untersuchungen vor uns haben, die er im September 1799 angestellt hatte. Er schließt daran die Aufforderung, Johann möge sich mit der entsprechenden Aufgabe für den Raum beschäftigen, nämlich „den Kubikinhalt des Tetraeders (von vier Ebenen begrenzten Raumes) zu bestimmen“. Dieser hatte, wie sein Vater am 20. April 1835 an Gauß schreibt (Br. G. - Bolyai, S. 115), die Auflösung der Aufgabe bereits ein Jahr vor der Herausgabe des Appendix gefunden. Der Nachlaß Johanns enthält in der Tat sogar mehrere Verfahren, die zur Lösung dienen können (Bol. S. 109—118), darunter auch genau die Methode, die Gauß im Auge hatte und die er, seiner Gewohnheit gemäß, bei der Absendung des Briefes an Wolfgang vom 6. März 1832 in einem seiner Handbücher angedeutet hat (W. VIII, S. 228).

Auf das Volumen des Tetraeders bezieht sich noch eine zweite Aufzeichnung von Gauß, die etwa aus dem Jahre 1841 stammt. Sie steht auf einem Zettel, der sich in dem Sonderabdruck der Abhandlung Lobatschefskijs vom Jahre 1836 über die Anwendung der imaginären Geometrie auf einige Integrale gefunden hat; unter imaginärer Geometrie versteht der russische Mathematiker die nichteuklidische Geometrie.

Lobatschefskij (1793—1856) hatte in den Vorlesungen über Geometrie, die er 1815/16 an der Universität Kasan hielt, noch ganz auf dem Boden der euklidischen Geometrie gestanden und darin verschiedene Versuche zum Beweise des Parallelenaxioms gemacht (Lob. S. 362, 378). Verraten schon diese Vorlesungen eine eingehende Beschäftigung mit Legendres Elementen der Geometrie (Lob. S. 454), so lassen die späteren Schriften Lobatschefskijs erkennen, daß er sich in den folgenden Jahren in tief eindringender Kritik mit Legendre auseinander gesetzt und, indem er es wagte, Folgerungen aus der Annahme des Nichtbestehens des Parallelenaxioms zu ziehen, sich allmählich mit dem Gedanken seiner Unbeweisbarkeit vertraut gemacht hat. Diesen Standpunkt vertritt er in einem ungedruckt gebliebenen Lehrbuch der Geometrie vom Jahre 1823 (Lob. S. 369). In den folgenden Jahren gelangte er zu der Erkenntnis, daß es eine in sich widerspruchsfreie Geometrie gibt, die des Parallelenaxioms nicht bedarf. Er entwickelte diese Geometrie soweit, daß er alle ihre Aufgaben rein analytisch behandeln konnte; auch gab er allgemeine Regeln zur Berechnung der Bogenlängen, Flächenräume und Rauminhalte. Die Ergebnisse dieser Untersuchungen wurden am 12. Februar 1826 der Kasaner Gelehrten Gesellschaft vorgelegt; veröffentlicht sind sie jedoch erst 1829 und 1830 im Kasaner Boten (Lob. S. 371). Ihnen folgte eine Reihe weiterer, in russischer Sprache geschriebener Abhandlungen (1835—1838).

Um seinen Gedanken Verbreitung im westlichen Europa zu verschaffen, hatte Lobatschefskij 1837 in Crelles Journal eine kurze Darstellung seiner imaginären Geometrie gegeben, die freilich zur Einführung in den Gegenstand wenig geeignet war. Gauß scheint sie nicht beachtet zu haben, er ist vielmehr wohl erst im Jahre 1840 auf Lobatschefskij aufmerksam geworden, als dessen vortrefflich geschriebene deutsche Schrift: Geometrische Untersuchungen zur Theorie der Parallellinien, in Gersdorfs Repertorium abfällig besprochen wurde (Brief an Encke vom 1. Febr. 1841, W. VIII, S. 232). Durch einen merkwürdigen Zufall erhielt er um dieselbe Zeit durch den mit Lobatschefskij befreundeten Physiker der Kasaner Universität Knorr, der ihn 1840 in Göttingen besucht hatte, die schon erwähnte Abhandlung vom Jahre 1836. Später hat ihm der Astronom W. Struve in Pulkowa die anderen, in den Kasaner Gelehrten Schriften erschienenen Abhandlungen verschafft (W. VIII, S. 239); woher er die Abhandlung im Kasaner Boten vom Jahre 1829/30 bekommen hat, ist unaufgeklärt (Lob. S. 435).

Ein weiterer glücklicher Umstand war es, daß Gauß die in russischer Sprache geschriebenen Schriften lesen konnte. „Die Aneignung irgend einer neuen Fertigkeit als eine Art Verjüngung betrachtend" (Brief an Schumacher vom 17. August 1839, Br. G.-Sch. III, S. 242) hatte er, nachdem er dem Sanskrit keinen Geschmack abgewinnen konnte, im Frühjahr 1839 angefangen, die russische Sprache zu erlernen. „Es dauerte kaum zwei Jahre, daß er ohne alle fremde Hilfe dieselbe so vollständig in seine

Gewalt bekam, daß er nicht nur alle Bücher in Prosa und Poesie mit Geläufigkeit lesen konnte, sondern daß er sogar seine Korrespondenzen nach St. Petersburg mitunter in russischer Sprache besorgte" (Sartorius, S. 91).

Über die russischen Abhandlungen urteilt Gauß in dem Brief an Gerling vom 8. Februar 1844, daß sie „mehr einem verworrenen Walde gleichen, durch den es, ohne alle Bäume erst einzeln kennen gelernt zu haben, schwer ist, einen Durchgang und Übersicht zu finden" (W. VIII, S. 237). Dagegen lobt er die Konzinnität und Präzision der Geometrischen Untersuchungen und wiederholt dieses Lob in dem Brief an Schumacher vom 28. November 1846: „Materiell für mich Neues habe ich [darin] nicht gefunden, aber die Entwicklung ist auf anderm Wege gemacht, als ich selbst eingeschlagen habe, und zwar von Lobatschefskij auf eine meisterhafte Art in echt geometrischem Geiste. Ich glaube Sie auf das Buch aufmerksam machen zu müssen, welches Ihnen gewiß ganz exquisiten Genuß gewähren wird" (W. VIII, S. 238).

Auf einem Zettel, der sich in einem der beiden Gauß gehörenden Abdrücke der Geometrischen Untersuchungen vorgefunden hat, ist in gedrängter Darstellung die bereits erwähnte (S. 52) Herleitung der Formeln der nichteuklidischen Trigonometrie enthalten (W. VIII, S. 255—257); vermutlich ist sie verfaßt worden, als Gauß im Jahre 1846 „Veranlassung hatte, das Werkchen wieder durchzusehen" (W. VIII, S. 238). Wenn dort (S. 52) bemerkt wurde, daß die Aufzeichnung wohl den Gedankengang wiedergebe, den Gauß im Jahre 1816 eingeschlagen hat, so muß hier hervorgehoben werden, daß darin auch eine Auffassung zu Tage tritt, die Gauß erst später gewonnen hat. Als Endergebnis werden nämlich Formeln erhalten, die mit den Gleichungen der sphärischen Trigonometrie, bezogen auf eine Kugel vom Halbmessser $1/k$, identisch sind; die entsprechenden Gleichungen der nichteuklidischen Trigonometrie folgen daraus, wenn der Konstanten k ein rein imaginärer Wert erteilt wird. Daß diese Beziehung stattfindet, hatte Lobatschefskij am Schluß der geometrischen Untersuchungen (S. 60) angemerkt. Sie erscheint bei ihm als ein sonderbarer Zufall. Hat Gauß tiefer geschaut? Hat er durch den Buchstaben k andeuten wollen, daß die beiden Geometrien dem allgemeineren Begriff der Geometrie einer Mannigfaltigkeit konstanten Krümmungsmaßes untergeordnet werden können? Wie im fünften Abschnitt dieses Aufsatzes dargelegt werden wird, spricht vieles dafür, die Frage zu bejahen. Dann aber würde ein Licht fallen auf eine dunkle Stelle in dem vorher

angeführten Brief an Schumacher vom 28. November 1846: „Sie
wissen, daß ich schon seit 54 Jahren (seit 1792) dieselbe Überzeugung habe (mit einer gewissen spätern Erweiterung, deren ich
hier nicht erwähnen will") (W. VIII, S. 238). Darf man noch
weiter gehen? Hat Gauß seine ursprüngliche Überzeugung später
dahin erweitert, daß er den Geometrien, die sich je nach dem
Vorzeichen des Krümmungsmaßes ergeben, volle Gleichberechtigung
zubilligte, hat er den Gedanken Riemanns vorausgenommen, man
brauche den Raum nur als unbegrenzte, nicht als unendliche
Mannigfaltigkeit aufzufassen? Die vorliegenden Anhaltspunkte
gestatten es nur, Vermutungen auszusprechen.

Als Johann Bolyai am 3. November 1823 dem Vater von
seinen neuen Entdeckungen berichtet hatte (Bol. S. 85), ermahnte
ihn dieser, sich mit der Bekanntmachung zu beeilen, weil „manche
Dinge gleichsam eine Epoche haben, wo sie dann an mehreren
Orten aufgefunden werden, gleichwie im Frühjahr die Veilchen
mehrwärts ans Licht kommen" (Bol. S. 86). Die Namen Gauß,
Schweikart, Taurinus, Lobatschewskij sind ein Beweis dafür, wie
richtig Wolfgang geurteilt hatte.

Man hat allerdings dieses Zusammentreffen dadurch seiner
Merkwürdigkeit zu entkleiden versucht, daß man vermutete,
Bolyai und Lobatschefskij verdankten Gauß, der ohne Zweifel
als Erster sich von den Fesseln der Ueberlieferung frei gemacht
hat, die Fragestellung ihrer Untersuchungen (Lob. S. 428, 442).
Daß Schweikart von Gauß unabhängig gewesen ist, unterliegt
keinem Zweifel; dagegen sind bei Taurinus Anregungen durch
Schweikart und Gauß wirksam gewesen, ohne daß ihm damit die
Selbständigkeit in der Entdeckung der nichteuklidischen Trigono-
metrie abgesprochen werden darf.

Nachdem die hinterlassenen Schriften von Gauß und den
beiden Bolyai zugänglich geworden sind, können die Beziehungen
zwischen ihnen als völlig geklärt gelten; man beachte vor allem
die beiden Tatsachen, daß Wolfgang, als Gauß im Herbst 1798
Göttingen verlassen hatte, das Parallelenaxiom zu beweisen bemüht war, und daß, wie die S. 48 wiedergegebene Stelle aus einem
Briefe Wolfgangs beweist, Johann erst, nachdem er seine Untersuchungen bereits begonnen hatte, von seinem Vater die Mitteilung
erhielt, Gauß habe fruchtlos über die Parallelen nachgedacht, eine
Warnung eher, denn eine Anregung.

Bei Lobatschefskij hat man an eine Vermittlung durch
Bartels (1769—1836) gedacht, der 1807 bis 1821 an der Universität Kasan gelehrt hat. Bartels ist nämlich Hilfslehrer an der

Schule gewesen, an der Gauß seinen ersten Unterricht empfing
und hat sich des Knaben hilfreich angenommen; später, 1805 bis
1807, wo er als ein Schützling des Herzogs, wie Gauß, in Braunschweig lebte, hat er mit diesem freundschaftlich verkehrt. Wenn
aber schon die ganze Entwicklnng der Gedanken, wie sie vorher
dargestellt worden ist, für die volle Selbständigkeit Lobatschefskijs
spricht, so kommt noch dazu, daß Bartels, nach dem Zeugnis
seines Schwiegersohnes O. Struve, in der imaginären Geometrie
mehr eine geistreiche Spekulation als ein die Wissenschaft för-
derndes Werk gesehen hat; auch erinnert sich Struve nicht, daß
Bartels jemals von anklingenden Ideen bei Gauß gesprochen habe
(Lob. S. 378—382).

9.

Nachwirkung der Gaußschen Gedanken.

Bei der Zurückhaltung, die sich Gauß zur Regel gemacht
hatte, haben während seines Lebens nur wenige Bevorzugte etwas
von seinen Ansichten über die Grundlagen der Geometrie erfahren,
und die Eingeweihten haben ihr Wissen für sich behalten. Zum
Beispiel hat Dirichlet, mit dem Gauß bei dessen Besuch im
März 1827 von der nichteuklidischen Geometrie gesprochen hatte
(W. VIII, S. 188), untersucht, wie sich die Potentialtheorie im
nichteuklidischen Raume gestalte, aber nichts darüber veröffentlicht
(Lob. S. 444). In weiteren Kreisen wurde erst etwas davon bekannt,
als Sartorius 1856 in seiner Schrift Gauß zum Gedächtniß be-
richtete, Gauß habe eine selbständige Geometrie ausgebildet, die
gelte, wenn man das Parallelenaxiom nicht zugebe (W. VIII,
S. 267—268). Diese Andeutung wurde bald darauf bestätigt durch
den 1860 herausgekommenen zweiten Band des Briefwechsels
zwischen Gauß und Schumacher (Briefe vom Jahre 1831, W.
VIII, S. 210—219), und 1865 erschien der fünfte Band mit dem
Briefe vom 28. November 1846 (W. VIII, S. 238), durch den die
Aufmerksamkeit auf Lobatschefskij gelenkt wurde. Nachdem
jetzt, um mit Hoüel zu reden, die imposante Autorität Gaußens
gesprochen hatte, fand der Hinweis Beachtung, den Baltzer 1867
in der zweiten Auflage seiner Elemente der Mathematik auf
J. Bolyai und Lobatschefskij gab; durch ihn angeregt veröffentlichte Hoüel französische Uebersetzungen der Geometrischen Untersuchungen und der Scientia spatii absolute
vera und machte so diese verschollenen Schriften allgemein zugänglich. Damit war der Boden vorbereitet für eine verständnis-

volle Aufnahme der zu derselben Zeit aus Riemanns Nachlaß herausgegebenen Habilitationsrede vom Jahre 1854: Über die Hypothesen, welche der Geometrie zu Grunde liegen; dazu kamen 1868 die Aufsätze von Helmholtz. Während man bis dahin die Beschäftigung mit dem elften Axiom als ein Vorrecht unklarer Köpfe angesehen und mit den Bemühungen um die Quadratur des Kreises und das Perpetuum mobile auf eine Stufe gestellt hatte, erregten jetzt die Untersuchungen über die Grundlagen der Geometrie allgemeine Teilnahme, und indem man noch die Kritik der Arithmetik hinzunahm, entstand ein neuer Zweig der Mathematik, der als Axiomatik bezeichnet wird.

C. Sonstige Beiträge zur Axiomatik.

10.

Weitere Untersuchungen über die Grundlagen der Geometrie.

Wenn von den Untersuchungen die Rede ist, die Gauß über die Grundlagen der Geometrie angestellt hat, so denkt man dabei vor allem an die Entdeckung der nichteuklidischen Geometrie. Gauß hat sich jedoch keinesweges auf das Parallelenaxiom beschränkt, er hat sich vielmehr noch mit einer Reihe anderer Fragen beschäftigt, die man heute ebenfalls der Axiomatik zuweisen würde. Hierüber soll zum Schluß dieses Abschnittes berichtet werden.

Es kann nicht Wunder nehmen, daß die üblichen Darstellungen der euklidischen Geometrie einen Mann, der an die Schärfe der Begriffsbestimmungen und die Strenge der Ableitungen hohe Forderungen stellte, in mehr als einem Punkte nicht befriedigten. Sein tiefdringender Blick erkannte hier Lücken, die zum Teil erst nach Jahrzehnten von anderen Geometern aufgedeckt worden sind. Zum Beispiel spricht Gauß in dem Brief an Bolyai vom 6. März 1832 von dem „Teil des Planums, der zwischen drei Geraden liegt" und macht dazu die Anmerkung: „Bei einer vollständigen Durchführung müssen solche Worte wie zwischen auch erst auf klare Begriffe gebracht werden, was sehr gut angeht, was ich aber nirgends geleistet finde" (W. VIII, S. 222).

Die Erklärung der geraden Linie war Gegenstand des Gespräches gewesen, das Gauß und Wolfgang Bolyai bei ihrem ersten gemeinsamen Spaziergange im Herbst 1796 geführt hatten.

Wie Johann Bolyai erzählt, erwiderte Gauß auf die Äußerungen seines Vaters: „Ja wahrlich, die Gerade wird schändlich behandelt; sie ist in der Tat die Linie, welche sich in sich selbst dreht" (Bol. S. 197). Dieselbe Erklärung hat er in einer Vorlesung über praktische Astronomie gegeben, die Lübsen im Jahre 1830 bei ihm gehört hat (W. VIII, S. 196); auch die weitere Bemerkung bei Lübsen, das angegebene Merkmal sei praktisch wichtig, z. B. bei der Justierung eines Fernrohres, bei der richtigen Bohrung eines Zylinders usw., ist wohl Gaußschen Ursprungs.

Im Tagebuch steht unter dem 28. Juli 1798 die Eintragung: „Plani possibilitatem demonstravi" (T. Nr. 72). Was Gauß hiermit meinte, zeigt eine Stelle in dem Briefe an Bessel vom 27. Januar 1829, die Erklärung der Ebene als einer Fläche, in der die irgend zwei Punkte verbindende gerade Linie ganz liegt, enthalte mehr, als zur Bestimmung der Fläche nötig ist, und involviere tacite ein Theorem, das erst bewiesen werden muß (W. VIII, S. 200); in ähnlicher Weise äußert sich Gauß auch in einer wohl aus der gleichen Zeit stammenden Aufzeichnung (W. VIII, S. 194). Auch in dem Brief an W. Bolyai vom 6. März 1832 erklärt es Gauß für unerläßlich, „die Möglichkeit eines Planums zu erweisen" (W. VIII, S. 224). Ein solcher Beweis steht im Handbuch 19 Be, S. 153 (W. VIII, S. 194); durch die unmittelbar vorhergehenden Notizen, die den Dreiecks-Inhalt und das Tetraeder-Volumen in der nichteuklidischen Geometrie betreffen (W. VIII, S. 226—228), ist als Zeit der Niederschrift der März 1832 gesichert. Die Ebene denkt sich Gauß erzeugt durch die Drehung des einen Schenkels eines rechten Winkels um den anderen, festgehaltenen Schenkel. Auf Anregungen von Gauß gehen wohl auch die Abhandlungen von Deahna (1837) und Gerling (1840) über die Erklärung der Ebene zurück[1]).

Bei der Lehre von den Vielecken pflegt man stillschweigend oder ausdrücklich vorauszusetzen, daß der Umfang sich selbst nicht schneidet. Gauß hat schon früh die Frage ins Auge gefaßt, was man unter dem Inhalt eines beliebigen Vielecks zu verstehen habe; in Nr. 24 dieses Aufsatzes wird man hierüber Genaueres finden. Bei seinen Untersuchungen über die allgemeine

---

1) Deahna, Demonstratio theorematis esse superficiem planam, Marburg 1837; Chr. L. Gerling, Fragment über die Begründung des Begriffs der Ebene, Crelles Journal, Bd. 20, 1840, S. 332. Baltzer bemerkt in der zweiten Auflage seiner Elemente, Bd. II, 1867, § 4, Gauß sei der Meinung gewesen, Deahnas Darstellung lasse sich von einigen Mängeln, die in ihr anzutreffen seien, befreien; vgl. auch W. Killing, Einführung in die Grundlagen der Geometrie, Bd. II, Paderborn 1898, S. 183.

Lehre von den krummen Flächen ist er auf den Gegenstand zurückgekommen und hat beliebige Figuren betrachtet, deren Umfang sich selbst schneidet (Brief an Olbers vom 20. Oktober 1825, Br. G.-O. 2, S. 431, W. VIII, S. 399; vgl. auch W. IV, S. 227). Auch die Zerlegung der Vielecke in Dreiecke hat er untersucht (W. VIII, S. 280); sein Verfahren führt zu einer Herleitung der Winkelsumme des n-Ecks, die dem üblichen, unzulänglichen Induktionsbeweise vorzuziehen ist.

Eine Anfrage Gerlings vom 20. Juni 1846 über die Unterscheidung rechts- und linksgewundener Schrauben (W. VIII, S. 247) veranlaßte Gauß zu Ausführungen über die Begriffe rechts und links, die er „ein Kernstück eines viel ausgedehntern Systems" nennt (Brief vom 23. Juni 1846, W. VIII, S. 249). Er war bereits in der Selbstanzeige der zweiten Abhandlung über die biquadratischen Reste vom 15. April 1831 (W. II, S. 177), in der er seine geometrische Versinnlichung der komplexen Größen darlegt, auf den Unterschied von rechts und links eingegangen und hatte bemerkt, dieser Unterschied sei „sobald man vorwärts und rückwärts in der Ebene und oben und unten in Beziehung auf die beiden Seiten der Ebene einmal (nach Gefallen) festgesetzt hat, in sich völlig bestimmt, wenn wir gleich unsere Anschauung dieses Unterschiedes andern n u r durch Nachweisung an wirklich vorhandenen materiellen Dingen mitteilen können". In einer Fußnote hatte er hinzugefügt: „Beide Bemerkungen hat schon Kant gemacht, aber man begreift nicht, wie dieser scharfsinnige Philosoph in der ersteren einen Beweis für seine Meinung, daß der Raum n u r Form unserer äußeren Anschauung sei, zu finden glauben konnte, da die zweite so klar das Gegenteil und daß der Raum unabhängig von unserer Anschauungsart eine reelle Bedeutung haben muß, beweiset" (vgl. auch W. X 1, S. 409); eine ähnliche Bemerkung enthält der Brief an Schumacher vom 8. Februar 1846 (W. VIII, S. 247)[1]. Einen zweiten Grund gegen Kants Meinung hat Gauß in dem Brief an W. Bolyai vom 6. März 1832 vorgebracht. „Gerade in der Unmöglichkeit zwischen Σ [Euklidischer Geometrie] und S [nichteuklidischer Geometrie] a priori zu entscheiden, liegt der klarste Beweis, daß Kant Unrecht hatte zu behaupten, der Raum sei n u r F o r m unserer Anschauung" (W. VIII, S. 224).

---

1) Vgl. noch E. Study, Die Begriffe Links, Rechts, Windungssinn und Drehungssinn, Archiv der Mathematik und Physik, 3. Reihe, Bd. 21, 1913, S. 193; hier wird auf den Briefwechsel zwischen Gauß und Gerling ausführlich Bezug genommen.

In dasselbe Kapitel wie die Erörterungen über die Begriffe von Rechts und Links gehören die Einführung der gerichteten geraden Linien (W. VIII, S. 408), die Unterscheidung zwischen den beiden zu einem größten Kreise der Kugel gehörenden Polen (W. VII, S. 177, IV, S. 221) und die Sätze, daß symmetrische sphärische Dreiecke flächengleich, symmetrische Raumstücke volumengleich sind. Gerling hatte den ersten Satz durch Zerlegung in Teil-Dreiecke bewiesen, die paarweise kongruent sind (Brief an Gauß vom 25. März 1813, W. VIII, S. 240). Als er am 26. Februar 1844 darauf zurückkam, forderte ihn Gauß auf, den zweiten zu beweisen (Brief vom 8. April 1844, W. VIII, S. 241). Gerling konnte auch hier zeigen, daß die Gebilde sich in Pyramiden zerlegen lassen, die paarweise kongruent sind (Brief vom 15. April 1844, W. VIII, S. 242)[1]. Nunmehr warf Gauß die Frage auf, ob man in ähnlicher Weise, unabhängig von der Exhaustionsmethode, zeigen könne, daß Pyramiden von gleicher Grundfläche und gleicher Höhe gleichen Rauminhalt haben (Brief vom 17. April 1844, W. VIII, S. 244)[2], aber hier gelangte Gerling nicht zum Ziele (Brief vom 7. Juli 1844, W. VIII, S. 245). Durch die Herausgabe der bis dahin unbekannten Briefe von Gauß und Gerling im achten Bande der Werke (1900) wurde die Aufmerksamkeit auf die Frage der Volumengleichheit der Polyeder gelenkt, und so verdanken wir den Beweis Dehns, daß die Exhaustionsmethode bei der Volumenbestimmung unentbehrlich ist[3], einer Anregung von Gauß.

---

1) Gerlings Beweis ist von Hessel vereinfacht worden: Einige neue Beweise von Lehrsätzen aus der Elementar-Stereometrie, Archiv der Mathematik und Physik, 1. Reihe, Bd. 7, 1846, S. 284; Hessel bemerkt, daß Gerling durch. Gauß zu seinen Untersuchungen veranlaßt worden sei.

2) Es ist anzunehmen, daß Gauß diese Fragestellung dem Tentamen Wolfgang Bolyais verdankte; dieser hatte die Frage von der „endlichen Gleichheit" bei Flächenstücken ausführlich untersucht und dazu bemerkt: ob eine beliebige dreiseitige Pyramide durch endliche Gleichheit auf ein Prisma zurückgeführt werden könne oder nicht, sei noch nicht klargestellt (Tentamen. t. II, S. 175, ed. secunda, Budapest 1904, S. 241; vgl. Bol. S. 40 und 188).

3) M. Dehn, Über raumgleiche Polyeder, Göttinger Nachrichten 1900, S. 345; Über den Rauminhalt, Math. Annalen, Bd. 55, 1901, S. 465; vgl. jedoch schon R. Bricard, Sur une question de géométrie rélative aux polyèdres, Nouv. ann. de math., série 3, t. 15, 1896, S. 331 und G. Sforza, Un' osservazione sull' equivalenza dei poliedri per congruenza delle parti, Periodico di mat., t. 12, 1897, S. 105.

Abschnitt II.
Geometria situs.

11.
Allgemeines über die Geometria situs bei Gauß.

Von den Schriften, die Gauß veröffentlicht hat, bezieht sich keine unmittelbar auf die Geometria situs, und doch hat dieser Gegenstand ihn sein ganzes Leben hindurch beschäftigt. Aus Gesprächen mit Gauß, die in dessen letzte Lebensjahre, 1847 bis 1855, fallen, berichtet Sartorius v. Waltershausen: „Eine außerordentliche Hoffnung setzte er auf die Ausbildung der Geometria situs, in der weite, gänzlich unangebaute Felder sich befänden, die durch unseren gegenwärtigen Kalkül noch so gut wie garnicht beherrscht werden könnten" (Sartorius, S. 88). Eine ganz ähnliche Äußerung hatte er aber etwa 50 Jahre früher getan. Am 12. Oktober 1802 schrieb er an Olbers: „.... auch werde nächstens ein Werk von Carnot, Géométrie de position[1]) herauskommen, worauf ich überaus begierig bin. Dieser bisher fast ganz brachliegende Gegenstand, über den wir nur einige Fragmente von Euler und einem von mir sehr hochgeschätzten Geometer Vandermonde haben, muß ein ganz neues Feld eröffnen und einen ganz eigenen, höchst interessanten Zweig der erhabenen Größenlehre bilden" (Br. G.-O. 1, S. 103).

In der Tat hatte Euler die Frage behandelt, ob es möglich sei, die sieben Brücken, die in Königsberg über die Pregelarme führen, hinter einander und jede nur einmal zu überschreiten[2]). Er hatte ferner die grundlegende Beziehung zwischen den Anzahlen der Ecken, Kanten und Seitenflächen eines konvexen Polyeders entdeckt und bewiesen[3]). Endlich hatte er sich mit den

---

1) L. Carnot, Géométrie de position, Paris 1803; ins Deutsche übersetzt von H. C. Schumacher, 2 Bände, Altona 1810. Unter Géométrie de position versteht jedoch Carnot etwas anderes als die Geometria situs, nämlich Untersuchungen, die sich auf die Anwendung negativer Zahlen in der Geometrie beziehen. Später hat man vielfach auch die projektive Geometrie als Geometrie der Lage bezeichnet und ihr die Geometrie des Maßes gegenübergestellt, was ebenfalls mit der Geometria situs im Sinne von Gauß nichts zu tun hat.

2) L. Euler, Solutio problematis ad geometriam situs pertinentis, Comment. acad. sc. Petrop. 8 (1736), 1741, S. 128 (vorgelegt den 26. August 1735); vgl. den Artikel Situation von d'Alembert, Encyclopédie méthodique, Abteilung Math., Bd. III, Paris 1789, S. 53.

3) L. Euler, Elementa doctrinae solidorum, Novi Comment. acad. sc. Petrop. 4

Rösselsprüngen auf dem Schachbrett befaßt[1]). An ihn anknüpfend hatte Vandermonde die mathematische Behandlung des Rösselsprunges gefördert und sein Verfahren auf die analytische Darstellung von Geweben ausgedehnt[2]).

Es seien noch zwei Äußerungen von Gauß angeführt, die aus der Mitte seiner Lebensbahn überliefert sind.

Am 30. Oktober 1825 berichtet Gauß seinem Freunde Schumacher, daß er in den Untersuchungen über die allgemeine Lehre von den krummen Flächen Fortschritte gemacht habe, und sagt: „Man muß den Baum zu allen seinen Wurzelfäden verfolgen, und manches davon kostet mir wochenlanges angestrengtes Nachdenken. Vieles davon gehört sogar in die Geometria situs, ein fast noch ganz unbearbeitetes Feld" (W. VIII, S. 400).

In einer Aufzeichnung im Handbuch 19 Be, die vom 22. Januar 1833 datiert ist, heißt es: „Von der Geometria Situs, die Leibniz ahnte, und in die nur einem paar Geometern (Euler und Vandermonde) einen schwachen Blick zu tun vergönnt war, wissen und haben wir nach anderthalbhundert Jahren noch nicht viel mehr wie nichts. Eine Hauptaufgabe aus dem **Grenzgebiet der Geometria Situs und der Geometria Magnitudinis** wird die sein, die Umschlingungen zweier geschlossener oder unendlicher Linien zu zählen" (W. V, S. 605).

Bei den vorstehenden Worten hat Gauß wohl an den Brief gedacht, den Leibniz am 8. September 1679 an Huygens gerichtet hatte und der damals von Uylenbroek veröffentlicht worden war[3]).

(1752/3), 1758, S. 109 (gelesen Berlin, den 26. Nov. 1750); Demonstratio nonnullarum proprietatum, quibus solida hedris planis inclusa sunt praedita, ebenda, S. 140 (vorgelegt den 6. April 1752); vgl. A. L. F. Meister, Commentatio de solidis geometricis, Comment. Soc. sc. Gotting. Vol. 7 (1784/85) 1786, Comm. Math. S. 1.

1) L. Euler, Solution d'une question curieuse qui ne paroit soumise à aucune analyse, Hist. de l'Acad., année 1759, Berlin 1766, Mémoires, S. 310.

2) Ch. A. Vandermonde, Remarques sur les problèmes de situation, Hist. de l'Acad. année 1771, Paris 1774, S. 566. V. sagt: „Leibniz promit un calcul de situation et mourut sans rien publier. C'est un sujet où tout reste à faire et qui mériterait bien qu'on s'en occupât". — Zu nennen wären ferner noch die Abhandlungen: N. Fergola, Nuovo metodo da risolvere alcuni problemi di sito e posizione, Atti dell'Accad., Napoli 1787, S. 119: Nuove ricerche sulle risoluzioni dei problemi di sito, ebenda, S. 157 und A. N. Giordano, Nuovo metodo da risolvere alcuni problemi di sito e posizione, ebenda, S. 139.

3) J. Uylenbroek, Chr. Hugenii aliorumque seculi XVII. virorum celebrium exercitationes mathematicae et philosophicae, Haag 1833, Heft 1, S. 9; im Heft 2, S. 6 ist der dem Briefe beigelegte Versuch einer geometrischen Charakteristik abgedruckt. Beides findet man wieder in Leibnizens Mathematischen Schriften,

Leibniz schreibt dort: „Je crois qu'il nous faut encore une autre Analyse proprement géométrique ou linéaire qui nous exprime directement si tum, comme l'Algèbre exprime magnitudinem".

Die Göttinger Gelehrten Anzeigen vom Jahre 1834 enthalten eine ausführliche Besprechung der Uylenbroekschen Veröffentlichung von M. Stern (seit 1829 Privatdozent der Mathematik in Göttingen), den der Essay von Leibniz um so mehr interessiert hatte, „als er sich erinnert, von dem größten Mathematiker unserer Zeit einige Ideen über Geometrie gehört zu haben, die mit einigen hier vorkommenden durchaus übereinstimmen" (S. 1940). Hierzu ist jedoch zu bemerken, daß Leibniz weniger an die Geometria situs im Sinn von Gauß „als an einen geometrischen Algorithmus denkt, der für einzelne geometrische Probleme eher eine genuine Lösungsmethode liefert, als die Methode der gewöhnlichen analytischen Geometrie" [1]).

Bei der Geometria situs besitzen wir in den wenigen uns erhaltenen Aufzeichnungen und überlieferten gelegentlichen Äußerungen nur die Spuren ausgedehnter Untersuchungen, die Gauß angestellt hatte. Dies geht auch daraus hervor, daß er wiederholt geplant hat, darüber etwas durch den Druck bekannt zu machen. So schreibt Möbius am 2. Februar 1847 an Gauß: „Wie ich von W. Weber gehört habe, haben Sie schon vor einigen Jahren beabsichtigt, als Einleitung oder Vorbereitung der Theorie der elektrischen oder magnetischen Strömungen eine Abhandlung über alle möglichen Umschlingungen eines Fadens zu schreiben. Steht es nicht zu hoffen, daß diese Abhandlung bald erscheinen wird? Die Erfüllung dieser Hoffnung würde mir und gewiß auch vielen Andern sehr erwünscht sein" (Brief im Gauß-Archiv). Gauß scheint dem Gedanken einer solchen Veröffentlichung näher getreten zu sein, hat jedoch schließlich davon Abstand genommen. Dies ergibt sich aus einem Briefe an Möbius vom 13. August 1849, in dem er diesem zunächst für die Übersendung einer Abhandlung über die Gestalten der Kurven dritter Ordnung dankt und ihn auffordert, in entsprechender Weise die gestaltlichen Verhältnisse der algebraischen Kurven zu untersuchen, die in Gaußens

---

herausgegeben von C. J. Gerhardt, 1. Abt., Bd. 2, Berlin 1850, S. 19, 20, ferner in Graßmanns Gesammelten mathematischen und physikalischen Werken, Bd. I, Teil 1, Leipzig 1894, S. 417, in den Oeuvres complètes von Chr. Huygens, Bd. 8, Haag 1899, S. 216, 219 und endlich bei C. J. Gerhardt, Der Briefwechsel von Leibniz mit Mathematikern, Bd. I, Berlin 1899, S. 568, 570.

1) M. Dehn und P. Heegaard, Analysis situs, Encyklopädie der mathematischen Wissenschaften, Bd. III, Teil 1, S. 154.

Dissertation (1799) auftreten, und dann fortfährt: „Anderes damit Verwandtes hat mich vielfach beschäftigt, und ich wollte erst in meiner neulich [16. Juli 1849] in der Sozietät gehaltenen Vorlesung [Beiträge zur Theorie der algebraischen Gleichungen] die Darstellung der Hauptmomente jener Untersuchung als dritten Teil bestimmen; aber ich würde zur Ausarbeitung dieser Darstellung einer viel größeren Muße bedurft haben, als sie mir zu Gebote gestanden hat“ (W. X 1, S. 109). Eine Andeutung dieser Absicht ist wohl die Stelle in Art. 3 der Beiträge, wo Gauß bemerkt, die von ihm vorzutragende Beweisführung für den Fundamentalsatz der Algebra „gehöre im Grunde einem höhern, von Räumlichem unabhängigen Gebiete der allgemeinen abstrakten Größenlehre an, deren Gegenstand die nach der Stetigkeit zusammenhängenden Größenkombinationen sind, einem Gebiete, welches zur Zeit noch wenig angebauet ist, und in welchem man sich auch nicht bewegen kann ohne eine von räumlichen Bildern entlehnte Sprache“ (W. III, S. 79). Vielleicht enthält das Bruchstück einer Abhandlung über die Konvergenz der Reihen (W. X 1, S. 407—410) einen Teil jener Untersuchungen (vgl. S. 75—76).

Im Folgenden wird zunächst berichtet werden, was sich unmittelbar auf Grund der nachgelassenen Aufzeichnungen und mittelbar an der Hand von Veröffentlichungen über andere Gegenstände über die Geometria situs bei Gauß sagen läßt. Alsdann soll versucht werden, dem Einfluß nachzugehen, den mündliche Andeutungen von Gauß auf die Entwicklung dieses Zweiges der Größenlehre gehabt haben.

12.
Verknotungen und Verkettungen von Kurven.

Eine der ältesten Aufzeichnungen von Gauß, die uns überhaupt im Nachlaß erhalten sind, ist ein Blatt mit der Jahreszahl 1794. Es trägt die Ueberschrift: A collection of knots und enthält 13 sauber gezeichnete Ansichten von Knoten mit daneben geschriebenen englischen Namen; man darf wohl annehmen, daß es sich um einen Auszug aus einem englischen Buche über Knoten handelt. Dabei liegen zwei weitere Zettel mit Zeichnungen von Knoten; der eine ist datiert 1819, der andere stammt wohl aus noch späterer Zeit, denn Gauß hat darauf vermerkt: „Riedl, Beiträge zur Theorie des Sehnenwinkels, Wien 1827“.

Auf die Verknotungen geschlossener Kurven beziehen sich die Bemerkungen, die aus dem Nachlaß W. VIII, S. 271—285 abgedruckt sind. Im Besonderen hat Gauß in einer aus dem Dezember 1844 stammenden Notiz die zahlreichen Formen ermittelt, die geschlossene Kurven mit vier Knoten aufweisen können.

Die Verkettung von zwei Kurven im Raume betrifft die schon erwähnte Bemerkung vom 22. Januar 1833 (W. V, S. 605), in der am Schluß die bekannte Integralformel für die Anzahl der Umschlingungen mitgeteilt wird. „Es war damit der erste Anfang gemacht worden zu der später vor allem durch die von W. Dyck benutzte Kroneckersche Charakteristikentheorie erfolgreichen Anwendung der höheren Analysis auf die Geometria situs".[1]

Die Bestimmung der gegenseitigen Lage von Kurven in der Ebene ist das Mittel, dessen sich Gauß in seiner Dissertation (1799) bei der Herleitung des Fundamentalsatzes der Algebra bedient hatte[2]. Noch stärker tritt dieser Gesichtspunkt bei der neuen Darstellung vom Jahre 1849 hervor: „Ich werde die Beweisführung in einer der Geometrie der Lage entnommenen Einkleidung darstellen, weil jene dadurch die größte Anschaulichkeit und Einfachheit gewinnt" (W. III, S. 79). Es folgt die vorher (S. 70) angeführte Bemerkung über die nach der Stetigkeit zusammenhängenden Größenkombinationen. Hierin liegt jedoch keine Einschränkung, weil „zwar die räumliche Anschauung der beste Führer in der Entdeckung neuer Sätze [der Geometria situs] und ihrer Beweise ist, man aber in jedem einzelnen dieser Fälle sehen kann, daß die in Betracht kommenden Schlüsse auch allein mit Hilfe abstrakter Entwicklungen gemacht werden können"[3].

Endlich sind noch die Untersuchungen zu nennen, die Gauß über die möglichen Verteilungsarten der geozentrischen Örter eines Planeten auf dem Zodiakus angestellt hat (W. VI, S. 106), und die hierbei erwähnten Fälle eines kettenartigen Ineinandergreifens zweier Planetenbahnen, wie es bei den Asteroiden mehrfach verwirklicht ist.

---

1) M. Dehn und P. Heegaard, a. a. O., S. 155. Man findet hier auch ausführliche Angaben über die anschließenden Arbeiten. Hinzuzufügen ist, daß Fr. Zöllner, Naturwissenschaft und christliche Offenbarung, Leipzig 1881, S. 100 berichtet, ein gewisser Schürlein, ein Schüler von Gauß, habe sich sehr eingehend und unter stetiger Teilnahme von Gauß mit diesem Gegenstande beschäftigt; leider ist es nicht möglich gewesen, Näheres hierüber zu ermitteln.

2) In der Fußnote zum art. 21 der Dissertation sagt Gauß ausdrücklich, Beweise, die sich auf die Geometria situs stützten, seien nicht weniger schlüssig als solche, bei denen man sich der Prinzipien der Geometria magnitudinis bediene.

3) M. Dehn und P. Heegaard, a. a. O., S. 170.

13.

Möbius, Listing, Riemann.

Mit der Frage, welchen Einfluß Gauß auf die weitere Entwicklung der Geometria situs gehabt hat, kommen wir auf ein schwieriges Gebiet, denn ein solcher Einfluß war im Wesentlichen nur möglich durch mündliche Äußerungen, von denen manche, wie es scheint, gar erst durch Mittelsleute an die Stelle gekommen sind, wo sie gewirkt haben; es waren Funken, die nur da zündeten, wo schlummernde Energien zu wecken waren, und es heißt daher nicht, hervorragende Männer wie Möbius, Listing, Riemann verkleinern, wenn man Gauß einen gewissen Anteil an ihren Entdeckungen zuschreiben zu müssen glaubt.

Möbius (1790—1868) ist nach Abschluß seiner Leipziger Studien im Herbst 1813 als Dreiundzwanzigjähriger nach Göttingen gekommen und hat dort etwa ein Semester lang unter Leitung von Gauß auf der Sternwarte gearbeitet (Brief von Gauß an Olbers vom 23. April 1814, Br. G.-O., 1, S. 543). Es war die Zeit, wo man in der Astronomie von einer Gaußschen Schule sprechen konnte, aus der Encke, Gerling, Nicolai, Schumacher, Seeber, Struve, Wachter hervorgegangen sind. Daß der junge Sachse damals in nähere Beziehungen zu Gauß gekommen ist, zeigt der freundschaftliche Ton der Briefe, die lange Jahre hindurch zwischen ihnen gewechselt worden sind. Es bestand zwischen Gauß und Möbius, als dieser in Göttingen weilte, jenes Verhältnis, das Gauß am förderlichsten schien. „Meiner Einsicht nach ist [ein förmlicher Unterricht] bei solchen Köpfen, die nicht etwa nur eine Masse von Kenntnissen einsammeln wollen, sondern denen es hauptsächlich daran liegt, ihre eigenen Kräfte zu üben, sehr unzweckmäßig; einen solchen muß man nicht bei der Hand fassen und zum Ziele führen, sondern nur von Zeit zu Zeit ihm Winke geben, um sich selbst auf dem kürzesten Wege hinzufinden" (Brief an Schumacher vom 2. Oktober 1808, Br. G.-Sch. I, S. 6). Wie weit die zahlreichen Berührungspunkte zwischen den Untersuchungen von Möbius und den Gedanken von Gauß auf Gespräche oder auch, wie Listing einmal sagt, auf „hingeworfene Äußerungen" zurückzuführen sind, vielleicht zum Teil in unbewußter Nachwirkung, entzieht sich unserer Kenntnis. In einem Falle freilich hat sich Möbius ausdrücklich auf eine mündliche Mitteilung von Gauß bezogen, nämlich in Aufzeichnungen aus den Jahren 1858 und 1859 über die Topologie der krummen Flächen und im Besonderen der Polyeder, Aufzeich-

nungen, die erst 1886 durch Reinhardt aus dem Nachlaß herausgegeben worden sind[1]). In dem Abschnitt über Flächen und
Polyeder höherer Klasse [mehrfachen Zusammenhanges] werden
auch die Eigenschaften eines Doppelringes betrachtet, und es
heißt: „Man kann sich einen solchen Doppelring leicht zur Anschauung bringen, wenn man ein Blatt Papier in Form eines

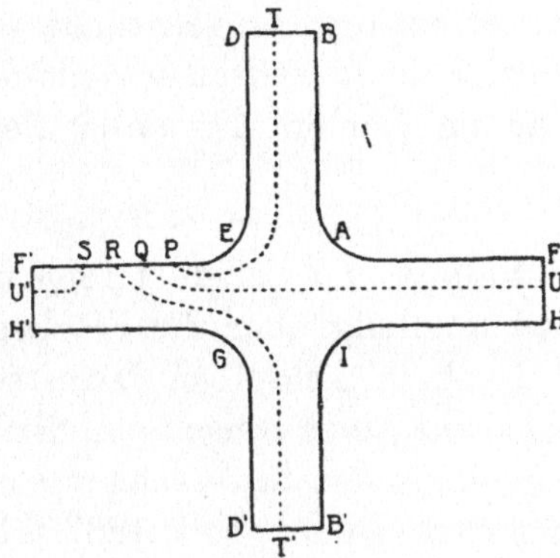

Kreuzes ausschneidet und hierauf die Enden FH und $F'H'$ (siehe
die Figur) des einen Paares einander gegenüberliegender Arme
etwa oberhalb der anfänglichen Ebene des Kreuzes und die
Enden BD und $B'D'$ des anderen Paares unterhalb dieser Ebene
mit einander vereinigt. Es besitzt diese nur von einer Linie
$A\overline{B}\,\overline{B'}\,I\,\overline{H}\overline{H'}\,G\overline{D'}\,\overline{D}\,E\overline{F'}\,\overline{F}\,A$ begrenzte Fläche noch die merkwürdige Eigenschaft (nach einer mündlichen Mitteilung von Gauß;
wodurch G. zur Betrachtung der Fläche geführt worden ist, ist mir
unbekannt), daß man von irgend vier auf ihrem Perimeter auf
einander folgenden Punkten P, Q, R, S den ersten mit dem dritten
und den zweiten mit dem vierten durch zwei Linien $P\overline{T}\overline{T'}R$ und
$Q\,\overline{U}\overline{U'}S$ verbinden kann, welche in der Fläche selbst liegen und
dennoch einander nicht schneiden, — wie dies doch immer ge-
schehen würde, wenn die Fläche eine Grundform der ersten Klasse
[einfach zusammenhängend] wäre" (S. 541).

Als die Fürstlich Jablonowskische Gesellschaft der Wissenschaften zu Leipzig im Jahre 1844 die Preisaufgabe gestellt und,
nachdem keine Lösung eingelaufen war, 1845 wiederholt hatte:

---

1) A. F. Möbius, Gesammelte Werke II, Leipzig 1886, S. 518—559. Einen
Teil der darin enthaltenen Ergebnisse hat Möbius veröffentlicht: Theorie der
elementaren Verwandtschaft, Leipziger Berichte 1863, S. 18, Werke II, S. 433;
Über die Bestimmung des Inhalts eines Polyeders, ebenda 1865, S. 31, Werke II,
S. 473.

„Es soll nach den vorhandenen Bruchstücken die von Leibniz geplante geometrische Charakteristik wiederhergestellt und weiter ausgebildet werden“, hat Möbius Graßmann darauf hingewiesen, und dessen Abhandlung: Geometrische Analyse hat am 1. Juli 1846 auf den eingehend begründeten Antrag von Drobisch und Möbius den Preis erhalten[1]). Möbius hat am 2. Februar 1847 einen Abdruck der Preisarbeit an Gauß gesandt[2]), sicherlich in der Annahme, daß dieser an dem Gegenstande Anteil nehme.

Weiteres über Beziehungen zwischen Gedanken von Gauß und von Möbius findet man im vierten Abschnitt dieses Aufsatzes.

Listing (1806—1882) hatte in Göttingen Mathematik und Naturwissenschaften studiert und war dort 1834 unter dem Dekanat von Gauß mit einer Abhandlung über die Flächen zweiter Ordnung promoviert worden. Noch in demselben Jahre schloß er sich Sartorius v. Waltershausen auf einer Reise nach Sizilien an und wurde sein Gehilfe bei den geologischen Untersuchungen am Aetna. Nach Deutschland zurückgekehrt ist er seit 1837 als Lehrer der Maschinenkunde am Polytechnikum zu Hannover und seit 1839 als Professor der Physik an der Universität Göttingen tätig gewesen.

Der Nachlaß Listings[3]) zeigt, daß er sich schon früh mit dem „Knotenwesen“ und seinen Beziehungen zur Praxis der Seeleute und der Pioniere befaßt hat. In einem Briefe an einen gewissen Müller in Göttingen, datiert Catania, den 1. April 1836 schreibt er: „Die erste Idee, mich in der Sache [der Geometria situs] zu versuchen, ist mir durch allerlei Vorkommnisse bei den praktischen Arbeiten auf der Sternwarte in Göttingen und durch hingeworfene Äußerungen von Gauß beigekommen“. Daß Gauß in den Vorlesungen über praktische Astronomie die Geometria situs berührt hat, bezeugt die Theorie des Vortrags von Lehren, die Raumverhältnisse betreffen, W. VIII, S. 196—199.

In demselben Sinne schreibt Listing in einer 1856 verfaßten kurzen Lebensbeschreibung: „Einen andern Gegenstand meiner Beschäftigung bildet seit langer Zeit die Untersuchung der modalen (nichtquantitativen) Raumverhältnisse, zu der schon Leibniz die Idee gefaßt hatte. Ich habe zu dieser fast noch ganz unaus-

---

1) Vgl. Graßmanns Leben von F. Engel, Graßmanns Werke III, Teil 2, Leipzig 1911, S. 108—118. Die Abhandlung ist abgedruckt in den Werken Bd. I, Teil 1, S. 321—399.

2) Graßmanns Werke III, Teil 2, S. 117.

3) Die betreffenden Aufzeichnungen besitzt teils die Universitätsbibliothek in Göttingen, teils der Verfasser dieses Aufsatzes.

gebauten quasi-mathematischen Disziplin, zum Teil durch Gauß aufgemuntert, in den Vorstudien zur Topologie, Göttingen, 1847, einen ersten Versuch veröffentlicht, dem ich künftig noch andere hoffe folgen lassen zu können".

Nach seinen Aufzeichnungen hat Listing schon während des Aufenthalts in Italiens, seit 1835, begonnen, sich mit der Topologie zu beschäftigen; so wollte er die Lehre von den „qualitativen Gesetzen der örtlichen Verhältnisse" genannt wissen, weil der Name Geometrie der Lage schon in anderer Bedeutung verwendet werde. Der lange Brief an Müller vom 1. April 1836 beweist, daß er bereits damals im Wesentlichen zu den Ergebnissen gelangt war, die er 1847 in der Zeitschrift „Göttinger Studien" als Abhandlung und dann 1848 als besondere Schrift veröffentlicht hat. Daß er im Jahre 1845 seine Beschäftigung mit der Topologie wieder aufnahm und nunmehr zu einem ersten Abschluß kam, ist wohl auf eine Anregung von Gauß zurückzuführen, denn in den tagebuchartigen Notizen, den „Diarien", die Listing geführt hat, ist unter dem 2. Januar 1845 verzeichnet: „Bei Gauß, Geometria situs".

Mit dem Jahre 1858 beginnt eine neue Reihe topologischer Untersuchungen, die zu der großen, 1862 erschienenen Abhandlung über den Census räumlicher Complexe geführt haben. Das Ziel Listings war, dem Eulerschen Satze über die Beziehung zwischen den Anzahlen der Ecken, Kanten und Flächen eines Vielflachs, der nur unter einschränkenden Voraussetzungen richtig ist, eine allgemein gültige Form zu geben. Merkwürdigerweise hat in demselben Jahre 1858 auch Möbius begonnen, sich mit der Geometria situs der Polyeder zu beschäftigen [1]), und beide, Listing und Möbius, sind fast gleichzeitig und unabhängig von einander zur Entdeckung der einseitigen Flächen gelangt [2]).

Den Schlüssel zur Verallgemeinerung des Eulerschen Satzes bildet der Begriff des Zusammenhangs oder, wie Listing mit einem nicht üblich gewordenen Worte sagt, der Cyklose, die einem irgendwie beranderten Flächenstücke zukommt. Daß Gauß den Begriff des Zusammenhanges und seine Bedeutung für die Lehre von den Funktionen einer komplexen Veränderlichen erkannt hat, zeigt das aus dem Nachlaß herausgegebene Bruchstück über die Konvergenz der Entwicklungen periodischer Funktionen (W. X 1,

---

1) Vgl. die Bemerkung Reinhardts, Möbius Werke II, S. 519.

2) Vgl. P. Stäckel, Die Entdeckung der einseitigen Flächen, Math. Annalen, Bd. 52, 1899, S. 598.

S. 410—412), das um das Jahr 1850 entstanden ist. Auch die bereits erwähnte mündliche Mitteilung an Möbius über den Doppelring und die darauf liegenden Kurven gehört hierher. Ob Listing durch Äußerungen von Gauß auch zur Fortsetzung seiner Untersuchungen über die Topologie angeregt worden ist, muß dahingestellt bleiben. Ebenso bedarf das Verhältnis, in dem die Arbeiten von Riemann über die Analysis situs [1]) zu den topologischen Untersuchungen von Listing stehen, noch der Aufklärung.

Während bei Möbius und Listing eigene Zeugnisse vorliegen, daß sie durch Gauß zur Beschäftigung mit der Geometria situs angeregt worden seien, obwohl nicht festgestellt werden kann, in welchem Umfange das geschehen sein mag, sind wir bei Riemann (1826—1866) lediglich auf Vermutungen angewiesen. Ein unmittelbarer Verkehr mit Gauß kommt kaum in Betracht, wohl aber darf man an eine Vermittlung Gaußscher Gedanken durch A. Ritter (1826—1908) und W. Weber (1804—1891) denken. Ritter hat während seiner Göttinger Studienzeit, 1850 bis 1853, in engen Beziehungen zu Riemann gestanden, die sich später fortsetzten; es ist anzunehmen, daß Riemann durch ihn zum Beispiel Kenntnis erhalten hat von den Ausführungen, die Gauß in der Vorlesung über die Methode der kleinsten Quadrate im Wintersemester 1850/51 über n-dimensionale Mannigfaltigkeiten gemacht hat (W. X 1, S. 473—482). Mit Weber aber stand Riemann seit 1850 als Teilnehmer, seit 1853 als Assistent an dessen mathematisch-physikalischem Seminar in engem Verkehr [2]), und wir haben aus dem Briefe von Möbius an Gauß vom 2. Februar 1847 erfahren, daß dieser mit Weber über die Umschlingungen zweier Kurven im Raume gesprochen hatte. Wie dem aber auch sei, so gibt es kein Anzeichen, daß Gauß den Begriff der mehrblättrigen Fläche, die zur Darstellung des Verlaufs einer mehrdeutigen Funktion einer komplexen Veränderlichen dient, gekannt habe, und hier liegt also eine durchaus ursprüngliche Schöpfung Riemanns vor.

---

1) B. Riemann, Grundlagen für eine allgemeine Theorie der Functionen einer veränderlichen complexen Größe, Dissertation, Göttingen 1851, art. 6; Werke, 1. Aufl. S. 9—12; Theorie der Abelschen Functionen, zweiter Abschnitt, Crelles Journal, Bd. 54, 1857, Werke, 1. Aufl., S. 84—89.

2) Vgl. die Bemerkungen Dedekinds in Riemanns Lebenslauf, Werke, 1. Aufl., S. 512—515.

Abschnitt III.
Die komplexen Grössen in ihrer Beziehung zur Geometrie.

14.
Kreisteilung.

Die „Darstellung der imaginären Größen in den Relationen der Punkte in plano" (Brief an Drobisch vom 14. August 1834, W. X 1, S. 106) hat nicht nur für die arithmetischen und funktionentheoretischen, sondern auch für die geometrischen Untersuchungen von Gauß eine so große Bedeutung, daß den Beziehungen der komplexen Größen zur Raumlehre ein besonderer Abschnitt dieses Aufsatzes gewidmet werden soll; in ihm werden die Ausführungen, die Bachmann und Schlesinger gemacht haben, wieder aufgenommen und ergänzt werden.

Schon sehr früh hat Gauß versucht, um einen von ihm gern gebrauchten Ausdruck anzuwenden, in die Metaphysik der imaginären Größen einzudringen. In der Selbstanzeige der zweiten Abhandlung über die biquadratischen Reste vom Jahre 1831 sagt er, daß er „diesen hochwichtigen Teil der Mathematik seit vielen Jahren betrachtet habe" (W. II, S. 175), und in dem Briefe an Drobisch vom 14. August 1834 freut er sich, daß dieser „auf seine schon fast seit 40 Jahren gehegten Grundansichten über die imaginären Größen eingegangen sei" (W. X 1, S. 106). Als solche Grundansichten wird man wohl erstens die Erkenntnis zu bezeichnen haben, daß „den komplexen Größen das völlig gleiche Bürgerrecht mit den reellen Größen eingeräumt werden müsse" (W. II, S. 171), und zweitens, daß diese Größen „ebenso gut wie die negativen ihre reale gegenständliche Bedeutung haben" (W. X 1, S. 405), die sich in ihrer „Versinnlichung durch die Punkte einer unbegrenzten Ebene" (W. X 1, S. 407) kund gibt.

Wird man durch die vorstehenden Angaben von Gauß etwa auf die Jahre 1795 und 1796 zurückgeführt, so kann als Bestätigung eine Stelle der Disquisitiones arithmeticae dienen, und zwar aus dem dritten Abschnitt, der nach Bachmann (W. X 2, S. 6) im Wesentlichen bereits 1796 entstanden und 1797 niedergeschrieben worden ist (der Druck der Disquisitiones begann im April 1798 und hat mit verschiedenen Unterbrechungen bis 1801 gedauert). Dort sagt Gauß, er wolle auf die Lehre von den imaginären Indizes, zu denen man bei Moduln ohne primitive Wurzeln seine Zuflucht nehmen muß, bei einer anderen Gelegenheit eingehen,

„wenn wir es vielleicht unternehmen werden, die Lehre von den imaginären Größen, die wenigstens nach unserem Urteil bis jetzt von Niemandem auf klare Begriffe zurückgeführt ist, ausführlicher zu behandeln" (W. I, S. 71).

Im Tagebuch, das mit dem März 1796 beginnt, findet sich keine Aufzeichnung, die man mit einer solchen Absicht in Verbindung bringen könnte. Wohl aber zeigt gerade die erste Eintragung, daß Gauß in der vorhergehenden Zeit mit imaginären Größen zu tun gehabt hatte, denn er verkündet hier, daß er die geometrische Siebzehnteilung des Kreisumfanges entdeckt habe, das heißt, wie wir aus dem Briefe an Gerling vom 6. Januar 1819 (W. X 1, S. 125) wissen, die Auflösung der zugehörigen Kreisteilungsgleichung mittels wiederholter Ausziehung von Quadratwurzeln, und zwar hatte Gauß, nach den Angaben in demselben Briefe, schon während seines ersten Semesters in Göttingen, das Oktober 1795 begann, die Kreisteilungsgleichungen für einen beliebigen Primzahlgrad untersucht.

Daß die Teilung des Kreisumfanges in n gleiche Stücke mittels imaginärer Größen auf die Lösung der Gleichung $x^n - 1 = 0$ zurückgeführt werden kann, ist eine Einsicht, die man Cotes[1]) und Moivre[2]) verdankt, die aber erst durch Euler geklärt und sichergestellt worden ist[3]). Später hat sich Vandermonde mit der Auflösung solcher Gleichungen mittels Wurzelziehens befaßt. Es ist sehr wahrscheinlich, daß Gauß bei der Abfassung der Disquisitiones arithmeticae dessen Abhandlung gekannt hat, denn in dem Briefe an Olbers vom 12. Oktober 1802 sagt er, daß wir über die Geometria situs „nur einige Fragmente von Euler und einem von mir sehr hochgeschätzten Geometer Vandermonde haben" (Br. G.-O., 1, S. 103). Die Abhandlung über Geometria situs steht aber in demselben Bande der Pariser Denkschriften für das Jahr 1771 wie die Abhandlung über die Auflösung der algebraischen Gleichungen[4]).

---

1) R. Cotes, Harmonia mensurarum, sive analysis et synthesis per rationum et angulorum mensuras promota, Cambridge 1722.

2) A. de Moivre, Miscellanea analytica, London 1730.

3) L. Euler, Introductio in analysin, Lausanne und Genf 1748, siehe besonders t. I, cap. 8: De quantitatibus transcendentibus ex circulo ortis.

4) Ch. A. Vandermonde, Remarques sur les problèmes de situation, Histoire de l'Acad., année 1771, Paris 1774, Mémoires, S. 566; Sur la résolution des équations; ebenda, S. 365; in deutscher Sprache herausgegeben von C. Itzigsohn, Vandermonde, Abhandlungen aus der reinen Mathematik, Berlin 1887. Auf S. 375 behauptet Vandermonde, die Gleichung $x^n - 1 = 0$ sei für jeden Grad n durch Wurzelziehen lösbar und führt die Rechnungen für einige Fälle durch, im Besonderen für $n = 11$. Für die Exponenten $n \leq 10$ hatte schon Euler, De

Nachdem Gauß im Art. 337 der Disquisitiones arithmeticae (W. I, S. 414) bemerkt hat, die trigonometrischen Funktionen der Bögen $2k\pi/n$ ($k = 0, 1, 2, \ldots, n-1$) seien die Wurzeln von Gleichungen n-ten Grades, fährt er fort: „Jedoch ist keine dieser Gleichungen so leicht zu behandeln und für unseren Zweck so geeignet, wie diese $x^n - 1 = 0$, deren Wurzeln bekanntlich mit den Wurzeln jener aufs engste verbunden sind. Wenn man nämlich der Kürze halber i für die imaginäre Größe $\sqrt{-1}$ schreibt, so werden die Wurzeln der Gleichung $x^n - 1 = 0$ durch

$$\cos 2k\pi/n + i \sin 2k\pi/n$$

dargestellt, wo für k alle Zahlen $0, 1, 2, \ldots, n-1$ zu nehmen sind".

Auf diese Art werden den Eckpunkten des regelmäßigen n-Ecks, das dem Kreise vom Halbmesser Eins eingeschrieben ist, die soeben angegebenen komplexen Größen zugeordnet. Die dabei auftretenden Größen $\cos 2k\pi/n$ und $\sin 2k\pi/n$ sind die rechtwinkligen kartesischen Koordinaten der betreffenden Eckpunkte, wenn der Mittelpunkt des Kreises zum Anfangspunkt gewählt und die Abszissenachse durch den Eckpunkt gelegt wird, für den $k = 0$ ist. Mithin gelangt man in diesem Falle ganz unmittelbar zu der Gaußschen Versinnlichung der komplexen Größen durch die Punkte einer Ebene.

Daß die Betrachtung der Eckpunkte des n-Ecks Gauß geläufig war, zeigt auch die Ausdrucksweise, ganze Zahlen seien „kongruent modulo n", wenn sie sich um Vielfache einer ganzen Zahl n unterscheiden: beim Durchlaufen des Kreisumfangs entsprechen nämlich den Werten von k, die mod. n kongruent sind, dieselben Eckpunkte des n-Ecks, und so hat die Bezeichnung „kongruent" ihre gute geometrische Bedeutung.

Ob die geometrische Versinnlichung der komplexen Größen den Untersuchungen über die Kreisteilung entsprungen ist, läßt sich freilich nicht mit Sicherheit entscheiden. Man könnte dagegen einwenden, daß auch bei Euler Größen der Form $\cos \varphi + i \sin \varphi$ an mehr als einer Stelle in einer Weise auftreten, die ihre geometrische Bedeutung nahe zu legen scheint, ohne daß es dazu gekommen ist, und die Hauptsache liegt in dem Entschluß, die imaginären Größen als den reellen gleichberechtigt anzuerkennen.

---

extractione radicum ex quantitatibus irrationalibus, Comment. acad. sc. Petrop. 13 (1741/3) 1751, § 39 bis 48, Opera omnia, ser. I, vol. 6, S. 31, die Wurzeln mittels bloßer Wurzelziehungen dargestellt; dagegen, meint er, führe der Fall $n = 11$ auf eine Gleichung fünften Grades, deren Lösung noch verborgen sei.

Vielleicht hat Gauß diese Anerkennung durch die bereits erwähnte Einführung des Zeichens i im art. 337 der Disq. arith. andeuten wollen[1]). Daß er sich in den Disquisitiones wie in der Dissertation (1799) mit Andeutungen begnügte, ist wohl teils aus seiner Scheu, strittige Dinge zu berühren, teils aus dem Umstande zu erklären, daß er selbst, wenn auch seine „Grundansicht" feststand, die neue Lehre noch nicht für reif hielt. In der Tat ist er erst nach einer langen und harten Arbeit zu einer ihn befriedigenden Auffassung der imaginären Größen gelangt. So schreibt er am 11. Dezember 1825 an Hansen, seine Untersuchungen über die allgemeine Lehre von den krummen Flächen griffen tief ein in die Metaphysik der Raumlehre, „und nur mit Mühe kann ich mich von solchen daraus entspringenden Folgen, wie z. B. die wahre Metaphysik der imaginären Größen ist, losreißen. Der wahre Sinn des $\sqrt{-1}$ steht mir dabei mit großer Lebendigkeit vor der Seele, aber es wird schwer sein, ihn in Worte zu fassen, die immer nur ein vages, in der Luft schwebendes Bild geben können" (Brief im Gauß-Archiv). In einer wahrscheinlich im Anschluß an diesen Brief niedergeschriebenen Aufzeichnung **Fragen zur Metaphysik der Mathematik** (W. X 1, S. 396) hat er versucht, seine Gedanken auszugestalten, und man erkennt hier die Anfänge der Darstellung, die er in der Selbstanzeige vom Jahre 1831 gegeben hat.

15.

Elliptische, im besonderen lemniskatische Funktionen.

Ein zweiter Anlaß, sich mit den imaginären Größen zu beschäftigen, eröffnete sich für Gauß in der doppelten Periodizität der lemniskatischen Funktionen. Im Januar 1797 hat er diese Funktionen zu betrachten begonnen (T. Nr. 51) und ist spätestens im März zur Entdeckung der zweiten, imaginären Periode gelangt. Somit ergab sich „die Notwendigkeit, das Gebiet einer veränderlichen Größe dadurch zu erweitern, daß dieser Größe auch komplexe Werte beigelegt werden" (Schlesinger, S. 12). Die darin

---

1) Das Zeichen i für $\sqrt{-1}$ findet sich gelegentlich schon bei Euler, nämlich in der am 5. Mai 1777 der Petersburger Akademie vorgelegten Abhandlung: De formulis differentialibus angularibus maxime irrationalibus, quas tamen per logarithmos et arcus circulares integrare licet, die 1794 aus dem Nachlaß im vierten Bande der Institutiones calculi integralis abgedruckt ist, ed. tertia, Petersburg 1845, S. 184. Gauß hat das Zeichen i seit dem Jahre 1801 beständig angewandt und seinem Beispiel sind die Mathematiker gefolgt.

liegenden Schwierigkeiten kamen sogleich zum Vorschein, als Gauß, die lemniskatischen Funktionen mit dem arithmetisch-geometrischen Mittel verknüpfend, Ende 1797 zu dem allgemeinen elliptischen Integral erster Gattung überging. Die Realitätsverhältnisse der Perioden sind ihm erst allmälich klar geworden. Bezeichnend hierfür ist eine Aufzeichnung, die, wie es scheint, aus dem Anfang des Jahres 1800 stammt: „Der Radikalfehler, woran meine bisherigen Bestrebungen, den Geist der elliptischen Funktion zu verkörpern, gescheitert sind, scheint d e r zu sein, daß ich dem Integral

$$\int \frac{d\varphi}{\sqrt{(1 - e^2 \sin \varphi^2)}}$$

die Bedeutung als Ausdruck eines endlichen Teils der Kugelfläche habe unterlegen wollen, während es wahrscheinlich nur einen unendlich schmalen Kugelsektor ausdrückt" (W. X 1, S. 546). Offenbar bedeutet, wie Schlesinger dazu bemerkt, Kugelfläche den Ort der komplexen Veränderlichen, der endliche Teil, dessen Ausdruck das Integral sein sollte, das Bild des Periodenparallelogramms, während man, wenn das Verhältnis der Perioden reell ausfällt, zu einem unendlich schmalen Kugelsektor gelangt; vgl. auch W. X 1, S. 515.

In das Jahr 1800 fallen auch Untersuchungen über das arithmetisch-geometrische Mittel (T. Nr. 109). Gauß hat damals die wesentlichen Eigenschaften der elliptischen Modulfunktion aufgefunden; das aber war nur möglich, wenn er den Bereich der Veränderlichen auf das komplexe Gebiet ausdehnte. Man wird daher behaupten dürfen, daß die Auffassungen, die er in dem Briefe an Bessel vom 18. Dezember 1811 (W. VIII, S. 90, X 1, S. 366) ausgesprochen hat, bis in die Zeit um 1800 zurückreichen. Er verlangt hier, daß man bei der Einführung einer neuen Funktion in die Analysis erkläre, ob man sich auf reelle Werte der Veränderlichen beschränke oder seinem Grundsatze beitrete, „daß man in dem Reiche der Größen die imaginären $a+ib$ als gleiche Rechte mit den reellen genießend ansehen müsse". Es folgen Auseinandersetzungen über den Sinn des Integrals bei Funktionen einer komplexen Veränderlichen. Dabei, sagt Gauß, man könne „das g a n z e Reich a l l e r Größen, reeller wie imaginärer, sich durch eine unendliche Ebene sinnlich machen, wobei jeder Punkt, durch Abszisse $= a$, Ordinate $= b$ bestimmt, die Größe $a+ib$ gleichsam repräsentiert". Dies ist die erste uns bekannte Stelle, wo er die geometrische Versinnlichung der komplexen Größen schriftlich festgelegt hat.

In dem Entwurf einer Abhandlung über die Konvergenz der Reihen, der aus der Zeit um das Jahr 1851 stammt, hat Gauß seine Ansichten folgendermaßen zusammengefaßt: „Die vollständige Erkenntnis der Natur einer analytischen Funktion muß auch die Einsicht in ihr Verhalten bei den imaginären Werten des Arguments in sich schließen, und oft ist sogar letztere unentbehrlich zu einer richtigen Beurteilung der Gebahrung der Funktionen im Gebiete der reellen Argumente. Unerläßlich ist es daher auch, daß die ursprüngliche Festsetzung des Begriffes der Funktion sich mit gleicher Bündigkeit über das g a n z e Größengebiet erstrecke, welches die reellen und die imaginären Größen unter dem gemeinschaftlichen Namen der komplexen Größen in sich begreift" (W. X 1, S. 405).

In einem zweiten Entwurfe hat Gauß seine Ansichten genauer darzulegen begonnen (W. X 1, S. 407—416). Wir werden darauf in Nr. 19 eingehen und fahren fort in der Schilderung der Frühzeit.

16.

Existenz der Wurzeln algebraischer Gleichungen.

Das Jahr 1797 brachte nicht nur die Entdeckungen über die lemniskatischen Funktionen, damals ist auch der Beweis für die Existenz der Wurzeln algebraischer Gleichungen entstanden, den Gauß in der Dissertation 1799 veröffentlicht hat (T. Nr. 80). Allerdings hat er es dort vermieden, imaginäre Größen zu benutzen. Schon im Titel hat er den zu beweisenden Satz in der Form ausgesprochen, jede algebraische rationale ganze Funktion einer Veränderlichen [mit reellen Koeffizienten] könne in reelle Faktoren ersten oder zweiten Grades zerlegt werden, und im Art. 3 äußert er sich über die imaginären Größen in sehr vorsichtiger und zurückhaltender Weise. „Sollen die imaginären Größen überhaupt in der Analysis beibehalten werden, was aus mehreren Gründen, die freilich hinreichend sichergestellt werden müssen, richtiger scheint, als sie zu verwerfen, dann müssen sie notwendig für ebenso möglich gelten wie die reellen . . . . Doch will ich mir die Rechtfertigung der imaginären Größen sowie eine eingehende Auseinandersetzung dieses ganzen Gegenstandes für eine andere Gelegenheit vorbehalten" (W. III, S. 6).

Daß Gauß damals schon im Besitze der geometrischen Versinnlichung war, zeigt der Art. 16 (W. III, S. 22), denn die ganze Betrachtung läuft darauf hinaus, daß die Funktion $f(x + iy)$ in den reellen und den rein imaginären Teil zerlegt wird und die Kurven in der xy-Ebene untersucht werden, in denen je einer der beiden Teile verschwindet. Das sind die Spuren, die, wie Gauß in der Selbstanzeige vom Jahre 1831 bemerkt hat, der aufmerksame Leser in der Dissertation wiederfinden wird (W. II, S. 175). Hierzu ist freilich zu bemerken, daß diese Andeutungen an und für sich nicht dazu ausreichen würden, um den Schluß zu rechtfertigen, daß Gauß damals die geometrische Versinnlichung der imaginären Größen besessen habe, denn auch d'Alembert hat in seinem Beweise für die Wurzelexistenz[1]), den Gauß im Art. 5 wiedergibt und im Art. 6 beurteilt (W. III, S. 7—11), dasselbe Verfahren benutzt, ohne daß ihm doch deshalb die geometrische Versinnlichung der komplexen Größen zuzuschreiben wäre.

17.
Biquadratische Reste.

Als Gauß im Jahre 1805 von den quadratischen Resten zu den kubischen und biquadratischen fortschritt, fand er sogleich durch Induktion eine Reihe einfacher Lehrsätze, die mit den für die quadratischen Reste gefundenen Ergebnissen überraschende Ähnlichkeit hatten, jedoch ist es ihm erst nach vielen, durch eine Reihe von Jahren fortgesetzten Versuchen gelungen, befriedigende Beweise dafür aufzufinden. Zu diesem Zwecke mußte er neue Wege einschlagen, nämlich „das Feld der höhern Arithmetik, welches man sonst nur auf die reellen ganzen Zahlen ausdehnte, auch über die imaginären erstrecken und diesen das völlig gleiche Bürgerrecht mit jenen einräumen" (W. II, S. 171). Wie es scheint ist diese „erlösende Eingebung" in das Jahr 1807 zu setzen (Bachmann, W. X 2, S. 55). Vollständig durchgedrungen ist Gauß freilich erst 1813 (T. Nr. 144) und veröffentlicht hat er seine Untersuchungen erst 1831 in der Abhandlung über die biquadratischen Reste (W. II, S. 93), die er durch die wiederholt erwähnte Selbstanzeige noch ergänzte (W. II, S. 169). „Wie einfach jetzt auch eine solche Einführung der komplexen Zahlen als Moduln erscheinen mag", hat Jacobi[1]) geurteilt, „so gehört sie nichtsdestoweniger zu den tiefsten Gedanken der Wissenschaft; ja ich glaube nicht, daß zu einem so verborgenen Gedanken die Arithmetik allein geführt hat, sondern daß er aus dem Studium der elliptischen

---

1) J. d'Alembert, Recherches sur le calcul integral, 1. partie, Histoire de l'Acad. Année 1746, Berlin 1748, Mémoires, S. 182—191; vgl. P. Stäckel, Integration durch imaginäres Gebiet, Bibliotheca math. (3) 1 (1900), S. 124.

Transzendenten geschöpft ist, und zwar aus der besonderen Gattung derselben, welche die Rektifikation von Bogen der Lemniscata gibt. In der Theorie der Vervielfachung und Teilung von Bogen der Lemniscata spielen nämlich die komplexen Zahlen von der Form $a + bi$ genau die Rolle gewöhnlicher Zahlen. ... So wie man einen Kreisbogen, wenn man ihn in 15 Teile teilen soll, in 3 und in 5 Teile teilt und aus beiden Teilungen die gesuchte findet, so hat man einen Bogen der Lemniscata, um ihn in 17 Teile zu teilen, in $1 + 4i$ und $1 - 4i$ Teile zu teilen, und setzt die Teilung in 17 Teile aus beiden zusammen".

Ebenso wichtig wie diese Erweiterung des Zahlengebietes, mit der die Lehre von den algebraischen Zahlen ins Leben gerufen wurde, ist für die Fortschritte der höheren Arithmetik die Darstellung der ganzen komplexen Zahlen vermöge der Gitterpunkte der Ebene geworden. Hieran schließt sich bei der Untersuchung der ternären quadratischen Form die Heranziehung der Gitterpunkte im Raume (W. II, S. 188). Es ist sogar wahrscheinlich, daß Gauß bereits Zahlengitter im Raume von n Dimensionen betrachtet hat, denn die Andeutung nach dieser Richtung, die Eisenstein 1844 gemacht hat, geht wohl auf seinen Aufenthalt in Göttingen während des Sommers dieses Jahres zurück[2]). So muß Gauß auch als der Begründer der Geometrie der Zahlen gelten.

Die Bedeutung der beiden Veröffentlichungen vom Jahre 1831 geht jedoch über die Zahlentheorie hinaus. Wenn Gauß in der neuen Darstellung des Beweises für den Fundamentalsatz der Algebra, den er 1849 gab, sagt: „gegenwärtig, wo der Begriff der komplexen Größen jedermann geläufig ist" (W. III, S. 74), so hat die Analysis ihm diesen Fortschritt zu verdanken. Gewiß hatten schon Wessel (1799), Argand (1806) und andere nach ihnen die selbständige Berechtigung und die geometrische Darstellung der komplexen Größen erkannt und wichtige Anwendungen davon zu machen gewußt, allein die Kenntnis und Würdigung ihrer Untersuchungen ist auf enge Kreise beschränkt geblieben. Es bedurfte eines Gauß, um die Hemmungen zu beseitigen und die neuen Anschauungen zum Siege zu führen.

---

1) C. G. J. Jacobi, Ueber die complexen Primzahlen, Crelles Journal, Bd. 19, 1839, S. 314, Werke VI, S. 275.

2) Eisenstein, Geometrischer Beweis des Fundamentaltheorems für die quadratischen Reste, Crelles Journal, Bd. 28, 1844, S. 248.

18.

Benutzung der komplexen Größen für geometrische Untersuchungen.

Es ist eine merkwürdige Tatsache, daß Gauß fast überall, wo er mit seinen Forschungen einsetzte, auf die komplexen Größen stieß. Gilt das, wie wir gesehen haben, für die Algebra, die Funktionentheorie und die Arithmetik, so ist es nicht minder richtig für die Geometrie selbst.

Die unmittelbare Anwendung der geometrischen Versinnlichung der komplexen Größen auf das Dreieck, das Viereck, den Kreis, die Kegelschnitte, die Kugel ist ein Gegenstand, mit dem sich Gauß sein ganzes Leben lang immer wieder beschäftigt hat; ja er hat diese Art der Behandlung geometrischer Probleme als „eine ihm eigentümliche Methode" bezeichnet (Brief an Schumacher vom 12. Mai 1843, W. VIII, S. 295). Die betreffenden Untersuchungen werden im vierten Abschnitt dieses Aufsatzes im Zusammenhang mit den Arbeiten zur elementaren und analytischen Geometrie ausführlich dargestellt werden.

Außerdem ist die konforme Abbildung krummer Flächen zu erwähnen. Allerdings hat Gauß in der Kopenhagener Preisschrift vom Jahre 1822 sich bezüglich der geometrischen Versinnlichung auf Andeutungen beschränkt, die kaum über das hinausgehen, was man in seiner Dissertation lesen kann. Im übrigen sei auf die Darstellung im fünften Abschnitt dieses Aufsatzes verwiesen.

19.

Weiterentwicklung der Lehre von den komplexen Größen.

Gauß schließt in der Selbstanzeige vom Jahre 1831 seine Auseinandersetzungen über die imaginären Größen mit den Worten: „Hier ist also die Nachweisbarkeit einer anschaulichen Bedeutung von $\sqrt{-1}$ vollkommen gerechtfertigt und mehr bedarf es nicht, um diese Größe in das Gebiet der Gegenstände der Arithmetik zuzulassen" (W. II, S. 177). In ähnlicher Weise hat er sich später (um 1850) in dem schon erwähnten Entwurf einer Abhandlung über die Konvergenz der Reihen ausgesprochen: „Die imaginären Größen sind, solange ihre Grundlage immer nur in einer Fiktion bestand, in der Mathematik nicht sowohl wie eingebürgert, als vielmehr nur wie geduldet betrachtet, und weit davon entfernt geblieben, mit den reellen Größen auf gleiche Linie gestellt zu werden. Zu einer solchen Zurücksetzung ist aber jetzt kein Grund mehr nachdem die Metaphysik der imaginären Größen in ihr wahres Licht gesetzt und nachgewiesen ist, daß diese, ebenso gut wie die negativen, ihre reale gegenständliche Bedeutung haben" (W. X 1, S. 404).

Johann Bolyai hat in einer 1837 verfaßten, aber erst 1899 aus seinem Nachlaß veröffentlichten Schrift (Bol. II, S. 233) gegen die Ausführungen von Gauß in der Selbstanzeige vom Jahre 1831 eine Reihe von· Einwendungen erhoben, darunter auch die, daß Gauß „sich auf die Betrachtung des Raumes stütze, die man in der Arithmetik vermeiden soll", und er hatte selbst eine rein arithmetische Einführung der komplexen Größen gegeben, die im Wesentlichen mit Hamiltons[1]) gleichzeitiger Begründung durch das Rechnen mit Größenpaaren übereinstimmt. Verschiedene Aeußerungen von Gauß gestatten den Schluß, daß auch er, eine 1831 im Keime vorhandene Auffassung weiter entwickelnd, später zu einer von räumlichen Betrachtungen unabhängigen Auffassung der komplexen Größen übergegangen ist.

In der Selbstanzeige vom Jahre 1831 wird ausgeführt, daß die komplexen Größen zur Darstellung der Relationen dienen können, die zwischen den Elementen einer Mannigfaltigkeit von zwei Dimensionen stattfinden, und es heißt dann, daß sich diese Verhältnisse nur durch eine Darstellung in der Ebene zur Anschauung bringen ließen (W. II, S. 176). Noch entschiedener sagt Gauß in dem zweiten Entwurf einer Abhandlung über die Konvergenz der Reihen (um 1850): „Zuvörderst ist die bekannte Versinnlichung der komplexen Größen in Erinnerung zu bringen. .... Es wird damit nur bezweckt, die Bewegung in dem an sich vom Räumlichen unabhängigen Felde der abstrakten komplexen Größen zu erleichtern und eine Sprache für dasselbe zu vermitteln" (W. X 1, S. 407).

Diese Sprache für die Lehre von den „abstrakten" komplexen Größen hat Gauß in ihren Anfängen geformt. Eine nach der Stetigkeit fortschreitende Reihe komplexer Größen bildet einen Zug; jede der dem Zuge angehörigen Größen ist eine Stelle des Zuges. Ist der Zug geschlossen, so fügen sich die nach der Stetigkeit zusammenhängenden komplexen Größen, die in dem Zuge ihre Begrenzung finden, zu einer Schicht zusammen. Man erkennt, daß die geometrischen Namen Linie, Punkt, Fläche vermieden

---

1) R. W. Hamilton, Theory of conjugate functions, or algebraic couples, Transactions of the Royal Irish Academy, Vol. 17, Dublin 1837, S. 393.

werden. In einer Fußnote wird noch hervorgehoben, daß „die abstrakte allgemeine Lehre von den komplexen Größen mit der Wechselbeziehung zwischen vorwärts-rückwärts und rechts-links nichts zu schaffen hat" (W. X 1, S. 408).

Was man vermißt, ist eine Erklärung, in welchem Sinne die formalen Bildungen $x + iy$ als Größen bezeichnet werden dürfen. Vielleicht hat Gauß auch hierüber seine Gedanken gehabt, denn in dem bereits angeführten Briefe an Bessel vom 21. November 1811, in dem er von den Funktionen einer komplexen Veränderlichen spricht, sagt er: „Man sollte überhaupt nie vergessen, daß die Funktionen, wie alle mathematischen Begriffszusammensetzungen, nur unsere eigenen Geschöpfe sind und daß, wo die Definition, von der man ausging, aufhört, einen Sinn zu haben, man eigentlich nicht fragen soll: Was ist? sondern was konveniert anzunehmen? damit ich immer konsequent bleiben kann. So z. B. das Produkt aus —.—" (W. X 1, S. 363). Wenn man die Aeußerungen über die allgemeine Arithmetik in der Selbstanzeige vom Jahre 1831 hinzunimmt, wo das Gebiet der Zahlen stufenweise erweitert wird (W. II, S. 175), so ergibt sich, wie nahe Gauß dem Prinzip der Permanenz gekommen ist.

<h2 style="text-align:center">20.</h2>

Komplexe Größen mit mehr als zwei Einheiten.

In dem Brief an Graßmann vom 14. Dezember 1844 sagt Gauß, auf dessen ihm übersandte Ausdehnungslehre Bezug nehmend, „daß die Tendenzen derselben teilweise denjenigen Wegen begegnen, auf denen ich selbst nun fast seit einem halben Jahrhundert gewandelt bin und wovon freilich nur ein kleiner Teil 1831 in den Comment. der Göttingischen Societät und noch mehr in den Göttingischen Gelehrten Anzeigen (1831, Stück 64) gleichsam im Vorbeigehen erwähnt ist; nämlich die konzentrierte Metaphysik der komplexen Größen, während von der unendlichen Fruchtbarkeit dieses Prinzips für Untersuchungen räumliche Verhältnisse betreffend zwar vielfältig in meinen Vorlesungen gehandelt [¹)], aber Proben davon nur hin und wieder, und als solche nur dem aufmerksamern Auge erkennbar, bei andern Veranlassungen mitgeteilt sind" (W. X 1, S. 436). Solche Proben finden sich in der Dissertation, in der Kopenhagener Preisschrift und in verschiedenen kleineren

---

1) Zum Beispiel hat Gauß vom Dezember 1839 bis Ostern 1840 eine Vorlesung über die Theorie der imaginären Größen gehalten, von der zwei Stücke in den Werken abgedruckt sind (W. VIII, S. 331—334 und S. 346—347).

Aufsätzen zur elementaren Mathematik, über die im vierten Abschnitt berichtet werden wird.

Von der Selbstanzeige in den Göttingischen Anzeigen kommt hier besonders der Schluß in Betracht. „Der Verfasser hat sich vorbehalten, den Gegenstand [der komplexen Größen], welcher in der vorliegenden Abhandlung eigentlich nur gelegentlich berührt ist, künftig vollständiger zu bearbeiten, wo dann auch die Frage, warum die Relationen zwischen Dingen, die eine Mannigfaltigkeit von mehr als zwei Dimensionen darbieten, nicht noch andere in der allgemeinen Arithmetik zulässige Größen liefern können, ihre Beantwortung finden wird“ (W. II, S. 178).

Leider ist Gauß nicht dazu gekommen, das hier gegebene Versprechen einzulösen, und auch die wenigen im Nachlaß vorhandenen Aufzeichnungen, die man damit in Beziehung bringen kann, reichen nicht aus, um festzustellen, was er mit seinen Andeutungen gemeint hatte.

Ebenso wie den Punkten der Ebene aus den Einheiten 1 und i gebildete bikomplexe Größen (W. VIII, S. 354) zugeordnet werden, kann man für die Punkte des Raumes trikomplexe Größen benutzen (W. VIII, S. 353, 354). Gelegentlich hat Gauß geradezu den drei kartesischen Koordinaten x, y, z die drei Einheiten 1, i, k zugesellt und zum Beispiel die Ecken eines Ikosaeders und eines Dodekaeders durch trikomplexe Größen $x + iy + kz$ dargestellt (Handbuch 16 B b, S. 166). Es entsteht dann die Frage, wie man mit solchen Größen rechnen und im besonderen, wie man das Produkt definieren soll. Gauß hat, den Kern des Problems erfassend, schon 1819 viergliedrige komplexe Größen betrachtet, die er Mutationsskalen nennt (W. VIII, S. 357—362). Ihre geometrische Bedeutung besteht darin, daß sie die Drehung eines Raumes in einem andern Raume verbunden mit einer Vergrößerung oder Verkleinerung ausdrücken, und Gauß ist dazu gelangt, die Multiplikation zweier solcher Größen so zu erklären, daß das Produkt das geometrische Ergebnis zweier hintereinander ausgeführter Mutationen darstellt. Auf diese Art ist er zu einem Multiplikationsgesetz gelangt, das mit dem der Hamiltonschen Quaternionen übereinstimmt.

Weitere Ausführungen über die mehrdimensionalen Mannigfaltigkeiten bei Gauß findet man in Nr. 33 dieses Aufsatzes.

Abschnitt IV.
Elementare und analytische Geometrie.

21.
Allgemeines.

Im ersten Abschnitt (Nr. 10) ist über verschiedene Untersuchungen von Gauß berichtet worden, die entweder unmittelbar zur elementaren Geometrie gehören oder doch eng damit zusammenhängen, bei denen aber das Axiomatische überwiegt. Auf andere Untersuchungen wurde im dritten Abschnitt hingewiesen, weil bei ihnen die Anwendung komplexer Größen mitspielt. Für ihren Gebrauch hatte Gauß eine gewisse Vorliebe, und seine Ausdehnung erstreckt sich weiter, als man zunächst glauben möchte; Gauß hat sich nämlich lange Zeit gescheut, mit seiner geometrischen Versinnlichung des Imaginären öffentlich hervorzutreten, und hat deshalb seine Lösungen in einer davon befreiten Form dargestellt. Wie gern er mit dem „i" arbeitete, zeigt übrigens auch sein Ansatz für das Problem der acht Königinnen, bei dem die Felder des Schachbrettes mit den Zahlen $a + ib$ ($a, b = 1, 2, \ldots, 8$) bezeichnet werden (Brief an Schumacher vom 27. September 1850, Br. G.-Sch. VI, S. 120).

Gauß hat es erlebt, daß den ursprünglichen, rein geometrischen Überlegungen und dem später hinzugekommenen Rechnen mit Koordinaten andere Verfahren zur Lösung geometrischer Aufgaben an die Seite traten, wie der Baryzentrische Kalkül von Möbius und Graßmanns Ausdehnungslehre. Ueber den Wert und die Wirksamkeit solcher Methoden hat er sich in dem Brief an Schumacher vom 15. Mai 1843 mit großer Klarheit ausgesprochen. „Überhaupt verhält es sich mit allen solchen Kalküls so, daß man durch sie nichts leisten kann, was nicht auch ohne sie zu leisten wäre; der Vorteil ist aber der, daß, wenn ein solcher Kalkül dem innersten Wesen vielfach vorkommender Bedürfnisse korrespondiert, jeder, der sich ihn ganz angeeignet hat, auch ohne die gleichsam unbewußten Inspirationen des Genies, die niemand erzwingen kann, die dahin gehörigen Aufgaben lösen, ja selbst in so verwickelten Fällen gleichsam mechanisch lösen kann, wo ohne eine solche Hilfe auch das Genie ohnmächtig wird. So ist es mit der Erfindung der Buchstabenrechnung überhaupt; so mit der Differentialrechnung gewesen: so ist es auch (wenn auch in partielleren Sphären) mit Lagranges Variationsrechnung, mit meiner Kongruenzrechnung und mit Möbius' Kalkül. Es werden durch solche Konzeptionen unzählige Aufgaben, die sonst vereinzelt stehen und jedesmal neue Efforts (kleinere oder größere) des Erfindungsgeistes erfordern, gleichsam zu einem organischen Reiche" (W. VIII, S. 298).

Die Arbeiten von Gauß, über die hier berichtet werden soll, betreffen fast den ganzen Umkreis der elementaren Geometrie, die Anfänge der analytischen Geometrie eingeschlossen. Eine erste Reihe bezieht sich auf die Eigenschaften des Dreiecks, des Vierecks und der Vielecke, eine zweite auf den Kreis und die Kugel, die Kegelschnitte und die Flächen zweiter Ordnung. In einer Schlußnummer sind endlich die Beiträge zur sphärischen Trigonometrie zusammengefaßt.

Man könnte diesen Teil des Werkes von Gauß übergehen, ohne daß sein Ruhm geschmälert würde. Allein es gilt dafür das Wort seines Schülers und Freundes Schumacher: „Deutlich genug ist des Meisters Stempel auch seinen Erholungen aufgedrückt" [1]).

<h2 style="text-align:center">22.</h2>

Das Dreieck.

Rein geometrisch ist der in die Lehrbücher der Elementargeometrie übergegangene klassische Beweis für den Satz, daß die drei Höhen des Dreiecks sich in einem Punkte schneiden (W. IV, S. 396); er ist 1810 in den Zusätzen veröffentlicht worden, die Gauß zu Schumachers Übersetzung der Géométrie de position von Carnot beigesteuert hat (Teil 2, Zusatz II, S. 363). Auf einem verwandten Gedanken beruht der weniger bekannte Beweis von Naudé; dieser zeigt, daß das Dreieck der Höhenfußpunkte die Höhen zu Winkelhalbierenden hat [2]).

In denselben Zusätzen (Zusatz I, S. 359) hat Gauß mittels der Ansätze der analytischen Geometrie einen merkwürdigen Punkt des Dreiecks nachgewiesen, von dem die Durchschnittspunkte der Höhen, der Mittelsenkrechten und der Schwerlinien besondere Fälle sind (W. IV, S. 393).

Eine handschriftliche Bemerkung zum Zusatz II lehrt, wie

---

1) L. Carnot, Geometrie der Stellung, übersetzt von H. C. Schumacher, 2. Teil, Altona 1810, Vorrede, S. II.

2) Ph. Naudé, Trigonoscopiae cuiusdam novae conspectus, Miscellanea Berolinensia, t. V, 1737, S. 10; siehe besonders S. 17.

die genannten Durchschnittspunkte mit den komplexen Zahlen
zusammenhängen, die den Ecken des Dreiecks zugeordnet sind
(W. IV, S. 396). Mittels komplexer Größen ist sicherlich auch
die Lösung der Aufgabe gewonnen worden, die Lage eines Punktes
aus den Verhältnissen seiner Abstände von drei der Lage nach
bekannten Punkten zu finden (W. VIII, S. 303).

Endlich ist noch ein Beweis des Pythagoreischen Lehrsatzes
aus dem Jahre 1797 (T. Nr. 81) zu nennen, der auf der Ähnlichkeit von Dreiecken beruht[1]).

23.

Das Viereck.

Als Gauß die Zusätze zu Schumachers Uebersetzung des
Carnotschen Werkes verfaßte, löste er auch eine Aufgabe, die
Schumacher im Oktober 1809 gestellt hatte, als Gauß, Bessel und
er selbst ihren gemeinsamen Freund Olbers in Bremen besuchten,
die Aufgabe nämlich, in einem Viereck diejenige Ellipse zu beschreiben, die den größten möglichen Flächenraum umfaßt. Schumacher hatte sie den durch Montucla erneuerten Récréations mathématiques et physiques von Ozanam (Paris 1778) entnommen.
Im Dezember 1809 wurde Gauß von Bessel an die Aufgabe erinnert (Br. G.-Bessel S. 104). „Es ist ein merkwürdiges Beispiel“,
antwortet dieser am 7. Januar 1810, „wieviel bisweilen von der
Wahl der unbekannten Grössen abhängt. Ich setzte mich gleich
daran und kam, da ich zufällig hierin eine glückliche Wahl ge-
troffen hatte, sofort darauf, daß das ganze Problem bloß auf eine
Gleichung zweiten Grades sich reduziert“ (Br. G.-Bessel S. 107).
Die „glückliche Wahl“ kam darauf hinaus, daß er komplexe Größen
verwandte; in der Darstellung der Lösung, die Gauß Schumacher
mitteilte, ist dieser Ursprung zwar verhüllt worden, aber doch
noch deutlich genug sichtbar geblieben.

Nachdem Gauß am 10. Februar 1810 an Schumacher geschrieben
hatte, er habe eine sehr artige Auflösung gefunden und sei nicht
abgeneigt, sie bekannt zu machen (Br. G.-Sch. I, S. 26), wurde
die Aufgabe, wohl auf Schumachers Veranlassung, im Maiheft der

---

1) Der Beweis von Gauß ist den 96 Beweisen hinzuzufügen, die J. Versluys
gesammelt hat: Zes en negentig bewijzen voor het theorema van Pythagoras,
Amsterdam 1914; von den dort mitgeteilten Beweisen kommt dem Gaußschen am
nächsten der von Brand, Une nouvelle démonstration de Pythagore, Journal de
mathématiques élémentaires, série 5, t. 21, 1897, S. 36.

Monatlichen Correspondenz [1]) den Mathematikern vorgelegt, und das Augustheft brachte (S. 112—121) die Lösung von Gauß (W. IV, S. 385). Im Besonderen wird darin der Lehrsatz bewiesen, daß der geometrische Ort der Mittelpunkte der Ellipsen, die die vier Seiten des Vierecks berühren, eine Gerade ist; daraus folgt als Zusatz, daß die Mitten der drei Diagonalen eines Vierseits auf einer Geraden liegen.

Das Septemberheft der Correspondenz enthält zwei weitere Lösungen, die von J. Fr. Pfaff und Mollweide herrühren [2]); eine vierte, von Buzengeiger eingesandte konnte wegen Mangel an Raum nicht abgedruckt werden [3]). Pfaff bemerkt, daß jener geometrische Ort schon bei Newton [4]) und Euler [5]) zu finden sei. Endlich gab Schumacher im Novemberheft [6]) eine Ergänzung, indem er zeigte, daß unter Umständen eine innerhalb des Vierecks liegende Ellipse, die nur drei Seiten berührt, den größten Inhalt liefert. Die Aufgabe ist später wiederholt bearbeitet worden; Plücker, Schläfli und Steiner haben sich um sie bemüht [7]).

In die Zeit um 1810 gehört auch wohl eine Aufzeichnung, die sich auf der letzten Seite des Gaußschen Exemplares des ersten Teiles der Schumacherschen Übersetzung befindet. Carnot hatte in einer 1806 erschienenen Abhandlung, die Schumacher in seine Ausgabe aufgenommen hat, die zwischen den Seiten und den Diagonalen eines Vierecks bestehende Gleichung hergeleitet (2. Teil, S. 258), und Gauß gibt einen einfachen Beweis dieser für die Ausgleichungsrechnungen der Geodäsie wichtigen Beziehung (W. IX, S. 248).

Mit den geodätischen Messungen, die Gauß von 1821 bis 1825

---

1) Monatliche Correspondenz zur Beförderung der Erd- und Himmelskunde, herausgegeben von v. Zach, Bd. 21, 1810, S. 462.

2) Monatliche Correspondenz, Bd. 22, 1810, S. 223 und 227.

3) A. a. O., S. 513.

4) I. Newton, Philosophiae naturalis principia mathematica, London 1687, Liber I, Lemma 25; im Corollarium 3 wird auch der Satz ausgesprochen, daß die Mitten der Diagonalen eines Vierseits auf einer Geraden liegen.

5) L. Euler, Introductio in analysin, T. II, Lausanne 1748, § 123.

6) Monatliche Correspondenz, Bd. 22, 1810, S. 505.

7) J. Plücker, Analytisch-geometrische Entwicklungen, Band II, Essen 1831, S. 208; L. Schläfli, Anwendungen des barycentrischen Calculs, Archiv der Mathematik und Physik, Bd. 12, 1849, S. 99; J. Steiner, Teoremi relativi alle coniche inscritte e circoscritte, Giornale arcadico, t. 99, S. 147, Crelles Journal, Bd. 30, 1845, S. 17, Gesammelte Werke, Bd. II, S. 384. Euler hat die duale Aufgabe behandelt, um ein gegebenes Viereck die kleinste Ellipse zu beschreiben, Nova acta acad. sc. Petrop. 9 (1791), 1795, S. 132; vorgelegt den 4. Sept. 1777.

anstellte, hängt es auch zusammen, daß er sich eingehend mit einer Aufgabe beschäftigt hat, die nach einem Mathematiker, der weder ihr Urheber noch ihr erster Löser ist, der sich aber Verdienste um sie erworben hat, häufig als Pothenotsches Problem bezeichnet wird[1]). Es handelt sich darum, bei einer trigonometrischen Aufnahme die Lage eines Punktes dadurch festzulegen, daß die Winkel gemessen werden, welche die von ihm nach drei bekannten Punkten (Netzpunkten) gehenden Richtungen mit einander bilden (Rückwärtseinschneiden). Die im Nachlaß befindlichen umfangreichen Aufzeichnungen über das Pothenotsche Problem aus den Jahren 1832 bis 1852 werden ergänzt durch Briefe an Gerling und Schumacher aus den Jahren 1830 bis 1842 und die Ausarbeitung einer im Jahre 1840 gehaltenen Vorlesung über die Theorie der imaginären Größen (W. VIII, S. 307—334).

Die Heranziehung der komplexen Größen erweist sich hier als besonders nützlich. Indem Gauß den Ecken a_0, a_1, a_2, a_3 des Vierecks, das aus dem festzulegenden Punkt und den drei Netzpunkten besteht, das Dreieck zuordnet, dessen Ecken durch die aus der Lehre von den biquadratischen Gleichungen wohlbekannten Verbindungen

$$a_0 a_1 + a_2 a_3, \quad a_0 a_2 + a_3 a_1, \quad a_0 a_3 + a_1 a_2$$

bestimmt werden, gelangt er zu seiner „zierlichen Auflösung"; zu demselben Dreieck war übrigens schon Collins durch einen geometrischen Kunstgriff gelangt[2]).

Gauß eigentümlich ist die Frage nach der „physischen Möglichkeit der Daten in Pothenots Aufgabe". Wenn nämlich beim Rückwärtseinschneiden der Punkt gesucht wird, von dem aus zwei gegebene, aneinander stoßende Strecken unter gemessenen Winkeln erscheinen, so ist man sicher, daß die Aufgabe, sobald nur der gefährliche Kreis vermieden wird, eine bestimmte Lösung hat. Anders steht es, wenn jene Winkel willkürlich angenommen werden. Dann braucht es keine Lösung zu geben, und es entsteht die Frage nach einem Kennzeichen für die Lösbarkeit; Gauß hat darauf eine überraschend einfache Antwort gegeben.

---

1) L. Pothenot, Problème de Géométrie pratique, Mém. de l'Acad. depuis 1666 jusqu'à 1699, t. 10, Paris 1730, S. 150 (vorgelegt 1692). Für das Geschichtliche vgl. die Dissertation von R. Wagner, Ueber das Pothenotsche Problem, Göttingen 1852 und die Angaben in J. C. Poggendorffs Biographisch-literarischem Handwörterbuch, II, Leipzig 1863, Spalte 509.

2) J. Collins, A solution of a chorographical problem, Philosophical transactions, Vol. 6, Nr. 69, London, März 1671.

Warum, wird man fragen, hat Gauß auf einen so elementaren Gegenstand so viel Zeit und Mühe verwendet? Aufschluß hierüber gibt der Brief an Gerling vom 14. Januar 1842. Nachdem er diesem das Kennzeichen mitgeteilt hat, bittet er ihn, es für sich zu behalten, „weil ich das Theorem, womit es zusammenhängt, selbst einmal bei schicklicher Gelegenheit zu behandeln mir vorbehalte, weniger wegen der Eleganz des Theorems an sich, als wegen der Eleganz, welche die Anwendung der komplexen Größen dabei darbietet, also namentlich bei einer Gelegenheit, wo ich mehr von dem Gebrauch der komplexen Größen sagen kann" (W. VIII, S. 315)[1]).

24.

Die Vielecke.

Durch eine Anfrage von Schumacher vom 19. März 1836 veranlaßt (W. X 1, S. 459) hat sich Gauß mit der Frage nach dem „kürzesten Verbindungssystem" von beliebig vielen, im Besonderen von vier Punkten beschäftigt (W. X 1, S. 461—467), einer glücklichen Verallgemeinerung der Summe der Entfernungen eines Punktes von gewissen gegebenen Punkten, die noch heute eingehendere Erforschung verdiente[2]).

Die Lösung der Aufgabe, in einen gegebenen Kreis ein Vieleck zu beschreiben, dessen Seiten je durch einen gegebenen Punkt gehen, ist wieder der Verwendung komplexer Größen entsprungen (W. IV, S. 398, Zusatz V, S. 369).

Im ersten Abschnitt (Nr. 10) ist bemerkt worden, daß Gauß die Frage aufgeworfen hat, was man unter dem Inhalt eines beliebigen Vielecks zu verstehen habe. Auf den Inhalt eines Vielecks bezieht sich eine Stelle in dem Zusatz I zu Schumachers Uebersetzung der Géométrie de position von Carnot (S. 362), die hier mitgeteilt wird, weil sie in den Werken fehlt.

Anmerkung des Herausgebers [Schumacher]. „Es ist, nach einem schönen Theorem des Herrn Professor Gauß, der Inhalt eines Vielecks von n Seiten, wenn die Koordinaten der Winkelpunkte nach der Reihe in einer Richtung gezählt:

---

1) Für die Behandlung geometrischer Aufgaben mittels komplexer Größen vgl. noch die Dissertation von H. zur Nedden, Applicatio numeri complexi ad demonstranda nonnulla geometriae theoremata, Göttingen 1840.

2) Vgl. auch die Dissertation von K. Bopp, Das kürzeste Verbindungssystem von vier Punkten, Göttingen 1879.

$$x,\ y;\ x',\ y';\ \ldots\ x^{(n-1)},\ y^{(n-1)}$$

sind,

$$= \tfrac{1}{2}\left\{ x(y' - y^{(n-1)}) + x'(y'' - y) + x''(y''' - y') + \ldots + x^{(n-1)}(y - y^{(n-2)}) \right\},$$

worüber Er selbst vielleicht, bey einer andern Gelegenheit, uns eine vollständigere Abhandlung schenken wird".

Die Ankündigung einer vollständigeren Abhandlung macht es wahrscheinlich, daß Gauß schon damals die Verallgemeinerung auf beliebige Vielecke im Auge hatte, bei denen also der Umfang sich selbst durchsetzen kann, wie er sie in dem Brief an Olbers vom 30. Oktober 1825 andeutet (W. VIII, S. 398)[1]. In einer aus dem Nachlaß 1866 herausgegebenen Abhandlung hat Jacobi eine Regel für die Bestimmung des Inhalts gegeben[2].

In der Behaftung von Inhalten mit Vorzeichen ist Möbius mit Gauß zusammengetroffen, zuerst im Barycentrischen Calcul (1827)[3], dann in der Abhandlung über den Inhalt der Polyeder (1865)[4]. Wenn die Mathematiker des 20. Jahrhunderts diese Dinge als selbstverständlich ansehen, so hat doch Baltzer, in den Erinnerungen an die Gaußschen Zeiten wurzelnd, mit Recht hervorgehoben, daß die Bestimmung des Zeichens einer Strecke nach der voraus bestimmten positiven Richtung einer Geraden, einer Dreiecksfläche nach dem voraus bestimmten positiven Sinn ihrer Ebene und eines Tetraederinhalts nach einem voraus bestimmten Schraubungssinn beim Erscheinen des barycentrischen Calculs „neu und fast befremdend" erschienen seien[5].

Gauß hat auch eine von Möbius gestellte Aufgabe[6] gelöst,

1) In dem Brief an Olbers vom 30. Oktober 1825 bemerkt Gauß, er habe „erst vor kurzem eine Abhandlung von Meister im ersten Bande der Novi Commentarii Gotting. kennen gelernt, worin die Sache fast ganz auf gleiche Art betrachtet und sehr schön entwickelt wird"; gemeint ist die Abhandlung von A. L. F. Meister, Generalia de genesi figurarum planarum et inde pendentibus earum affectionibus, Novi Commentarii acad. Gotting., vol. I ad annos 1769/70, 1771, S. 144.

2) C. G. J. Jacobi, Regel zur Bestimmung des Inhalts der Sternpolygone, Journal für die r. u. a. Mathematik Bd. 65, 1866, S. 173, Werke VII, S. 40; vgl. auch W. Veltmann, Berechnung des Inhalts eines Vielecks aus den Coordinaten der Eckpunkte, Zeitschrift für Mathematik und Physik, Bd. 32, 1887, S. 339. Nach L. Königsberger, C. G. J. Jacobi, Leipzig 1904, S. 155 hat Jacobi seine Regel im Sommer 1833 gefunden.

3) A. F. Möbius, Der barycentrische Calcul, Leipzig 1827, Kap. II, § 17 und 18, Werke I, S. 39—41.

4) A. F. Möbius, Ueber die Bestimmung des Inhaltes eines Polyeders, Leipziger Berichte, Bd. 17, 1865, S. 31, Werke II, S. 485—491.

5) R. Baltzer, Vorrede über Möbius, Werke I, S. VIII.

6) A. F. Möbius, Beobachtungen auf der Sternwarte zu Leipzig usw., Leipzig 1823, S. 57; Werke I, S. 394.

die besagt, man solle den Inhalt eines Fünfecks aus den Inhalten
der fünf Dreiecke bestimmen, die von den Verbindungsstrecken
der fünf Eckpunkte gebildet werden (W. IV, S. 406).

25.
Der Kreis und die Kugel.

Das Tagebuch von Gauß beginnt mit der Eintragung vom
30. März 1796: „Principia quibus innititur sectio circuli, ac divi-
sibilitas eiusdem geometrica in septemdecim partes etc". Nach
dem Briefe an Gerling vom 6. Januar 1819 hatte er die Entdeckung am Morgen des 29. März 1796 gemacht (W. X 1, S. 125).
„Sie ist es vornehmlich gewesen, welche seinem Leben eine bestimmte Richtung gab, denn von jenem Tage an war er fest
entschlossen, nur der Mathematik sein Leben zu widmen" (Sartorius, S. 16). Die Konstruktion des regelmäßigen Siebzehnecks
ist geometrisch ausführbar, insofern sie sich allein durch Lineal
und Zirkel bewerkstelligen läßt, jedoch beruht der Beweis bei all'
den verschiedenen Durchführungen auf der algebraischen Grundlage der Kreisteilungsgleichung[1]). Gauß hat in den Göttinger
Anzeigen vom 19. Dezember 1825 eine Konstruktion von Erchinger
mitgeteilt. Für diese Konstruktion habe Erchinger eine rein
geometrische Begründung gegeben, „mit musterhafter, mühsamer
Sorgfalt, alles nicht rein Elementarische zu vermeiden" (W. II,
S. 187). Sie ist uns leider verloren gegangen, da Erchingers Abhandlung nicht gedruckt wurde[2]).

In dem Zusatz VI zu Carnots Geometrie der Stellung (2. Teil,
S. 371, W. IV, S. 399) wird eine analytische Lösung der Aufgabe

---

1) Vgl. R. Goldenring, Die elementargeometrischen Konstruktionen des regelmäßigen Siebzehnecks, Dissertation, Jena 1915. Die zeitlich älteste Konstruktion
ist die dort noch nicht erwähnte von Pfleiderer, die erst 1917 (Werke X 1, S. 120)
veröffentlicht worden ist.

2) Die Abhandlung Erchingers hatte Gauß von einem Braunschweiger Bekannten, dem Juristen E. Schrader in Tübingen, am 1. Sept. 1825 zugesandt erhalten. Hiernach war Erchinger, der sonst ganz unbekannt ist, ein mathematischer
Autodidakt, der etwa seit 1813 in Tübingen lebte. Er hatte einen Beitrag ge-
liefert zu der Abhandlung Schraders: Commentatio de summatione seriei

$$\frac{a}{b(b+d)} + \frac{a}{(b+2d)(b+3d)} + \frac{a}{(b+4d)(b+5d)} + \cdots,$$

Weimar 1818, die einen Preis der Kopenhagener Gesellschaft der Wissenschaften
erhalten hatte. Nach Schraders Brief an Gauß vom 20. April 1831 war Erchinger
inzwischen gestorben (Briefe im Gauß-Archiv). Vgl. auch Klügels Mathematisches
Wörterbuch IV. Teil, Leipzig 1823, S. 652 (Artikel Summierung der Reihen).

gegeben, einen Kreis zu beschreiben, der drei der Größe und Lage nach gegebene Kreise berührt, „vielleicht die einfachste Konstruktion des Apollonischen Problems", wie Simon sagt [1]); sie ist wiederum der Benutzung komplexer Größen zu verdanken.

Um das Jahr 1840 hat Gauß den Begriff der harmonischen Punktepaare auf einer Geraden verallgemeinert, indem er die vier Abszissen als komplexe Größen auffaßt, denen Punkte einer Ebene zugeordnet sind (W. VIII, S. 336—337). Hierin liegt ein fruchtbares Uebertragungsprinzip, das Möbius, hier wiederum mit Gauß zusammentreffend, ausgebaut hat [2]). Später ist Möbius zum allgemeinen Doppelverhältnis übergegangen und zu seiner Lehre von der Kreisverwandtschaft gelangt, bei der zwischen zwei Ebenen durch eine bilineare Gleichung in den lagebestimmenden komplexen Größen eine Beziehung hergestellt wird [3]).

Auch den Punkten einer Kugelfläche hat Gauß schon sehr früh komplexe Größen zugeordnet, vermutlich mittels der stereographischen Projektion; dies zeigt die schon angeführte Bemerkung über das elliptische Integral erster Gattung aus dem Jahre 1800 (W. X 1, S. 546). In einer späteren Aufzeichnung, die vor 1819 niedergeschrieben ist, hat er den durch die stereographische Projektion vermittelten Zusammenhang zwischen Ebene und Kugel genauer untersucht und dabei erkannt, daß die „Drehungen der Kugelfläche in sich selbst" durch gewisse lineare, gebrochene Substitutionen der lagebestimmenden komplexen Größe dargestellt werden können (W. VIII, S. 354—356); man kennt die Bedeutung, die diese Substitutionen später gewonnen haben [4]).

---

1) M. Simon, Über die Entwicklung der Elementargeometrie im XIX. Jahrhundert, I. Ergänzungsband des Jahresberichtes der Deutschen Mathematiker-Vereinigung, Leipzig 1906, S. 98; man findet hier (S. 97—105) eine Zusammenstellung der umfangreichen Literatur über das Apollonische Taktionsproblem.

2) A. F. Möbius, Ueber eine Methode, um von Relationen, welche der Longimetrie angehören, zu den entsprechenden Sätzen der Planimetrie zu gelangen, Leipziger Berichte, Bd. 4, 1852, S. 41, Werke II, S. 189.

3) A. F. Möbius, Ueber eine neue Verwandtschaft zwischen ebenen Figuren, Leipziger Berichte, Bd. 5, 1853, S. 14, Werke II, S. 205; später hat Möbius die Kreisverwandtschaft rein geometrisch begründet: Die Theorie der Kreisverwandtschaft in rein geometrischer Darstellung, Leipziger Abhandlungen, Bd. 4, 1855, S. 529; Werke II, S. 243.

4) Vgl. für die von Riemann benutzte Verwendung der Kugel zur Darstellung komplexer Größen C. Neumann, Vorlesungen über Riemanns Theorie der Abelschen Integrale, Leipzig 1865, für die linearen Substitutionen F. Klein, Vorlesungen über das Ikosaeder, Leipzig 1884, erster Abschnitt, Kapitel II.

26.

Kegelschnitte und Flächen zweiter Ordnung.

Auf die Lehre von den Kegelschnitten ist Gauß als Astronom immer wieder geführt worden. Besonders eifrig hat er sich damit im Frühjahr 1843 beschäftigt. In dem Briefe an Schumacher vom 12. Mai 1843 erzählt er, daß er „anfangs durch zufällige Umstände" seit vier bis sechs Wochen in einige mathematische Spekulationen hineingezogen worden sei, „wo ich immer wieder durch neue Aussichten in andere Richtungen gelenkt wurde und vieles erreicht, vieles verfehlt habe. ... Jene Spekulationen betrafen großenteils weniger neue Sachen als Durchführung mir eigentümlicher Methoden; zuletzt u. a. mehreres sich auf die Kegelschnitte Beziehendes. Mir ist dabei wiederholt in Erinnerung gekommen, wie ich vor einem halben Jahrhundert, als ich zuerst Newtons Principia las[1]), mehreres unbefriedigend fand, namentlich seine an sich herrlichen Sätze die Kegelschnitte betreffend. Aber ich las immer mit dem Gefühl, daß ich durch das Erlernte nicht Herr der Sache wurde; besonders quälte mich die gerade Linie, mit deren Hilfe ein Kegelschnitt beschrieben werden kann[2]). ... Herr des Gegenstandes ist man doch erst dann, wenn man alle andern, diese magische gerade Linie betreffenden Fragen beantworten kann; namentlich will man wissen, welche Relationen diese gerade Linie zu den Elementen des Kegelschnittes habe, ob man diese Elemente selbst mit Leichtigkeit aus der Lage jener geraden Linie und der [gegebenen Punkte des Kegelschnittes] ableiten könne. Verschiedenes dieser Art kann ich jetzt recht artig ausrichten, ich weiß aber nicht, ob ich selbst das Ganze durchführen kann, da andere Geschäfte mich nötigen abzubrechen" (W. VIII, S. 295).

Was Gauß damals über seine Spekulationen niedergeschrieben hat, ist aus dem Nachlaß W. VIII, S. 341—344 abgedruckt. Die ihm eigentümliche Methode war wieder die Benutzung komplexer

---

1) Gauß hat sein Exemplar der Principia im Jahre 1794 erworben.

2) Es handelt sich um die Konstruktion eines Kegelschnitts mittels zweier um ihre Scheitelpunkte drehbarer Winkel, deren eines Schenkelpaar sich auf einer Geraden schneidet, während der Durchschnittspunkt des anderen Schenkelpaares den Kegelschnitt beschreibt, I. Newton, Philosophiae naturalis principia mathematica, London 1687, Liber I, sectio 5, Lemma 21. Vgl. auch C. Maclaurin, Geometria organica, sive descriptio linearum curvarum universalis, London 1720, erster Abschnitt.

Größen; mittels dieses Verfahrens hatte er schon etwa seit 1831 begonnen, die Kegelschnitte zu behandeln (W. VIII, S. 339—340).

Gauß hat die abgebrochene Arbeit nicht wieder aufgenommen, nicht aus Mangel an Zeit, sondern weil ihm zufällig ein Buch in die Hände fiel, worin, wie er am 15. Mai 1843 an Schumacher schreibt, „die Quintessenz der Lehre von den Kegelschnitten in nucem gebracht ist“. Es war der schon 1827 erschienene Barycentrische Calcul von Möbius, ein Buch, das er, als es ihm 1828 vom Verfasser zugegangen war, „ohne viele Erwartung davon zu haben, zunächst auf die Seite gelegt und später völlig vergessen hatte“, das aber, wie er jetzt „mit großem Vergnügen“ fand, „auf dem leichtesten Wege zur Auflösung aller dahin gehörigen Aufgaben führt“ (W. VIII, S. 297)[1]).

Daß Gauß sich in das Buch von Möbius vertieft hat, bezeugen auch die aus dem Nachlaß abgedruckten Notizen über das Pentagramma mirificum (Fragment [11], W. VIII, S. 109—111) und über den Resultantencalcul (W. VIII, S. 298).

Wenn Gauß im Barycentrischen Calcul die Quintessenz der Lehre von den Kegelschnitten erblickt hat, so wird man daraus schließen dürfen, daß ihm die Untersuchungen Poncelets, Steiners und Plückers fremd geblieben waren. Um seine Stellung zur neueren Geometrie zu bezeichnen, genügt es daher nicht zu sagen, er habe die analytischen Methoden bevorzugt, man muß vielmehr hinzufügen, daß er kein inneres Verhältnis zu den Auffassungen gewonnen hat, die der projektiven Geometrie eigentümlich sind.

Ebenfalls in das Jahr 1843 sind Auszüge zu setzen, die sich Gauß aus zwei in den Pariser Comptes rendus vom 24. April 1843 erschienenen Noten Cauchys gemacht hat. Sie stehen teils auf einer Notiztafel, die Gauß im April 1840 von Schumacher zum Geschenk erhalten hatte (Br. G.-Sch. III, S. 369) und die sich gegenwärtig im Besitz seines Enkels, Hrn. C. Gauß in Hameln, befindet, teils in dem Handbuch 19 Be, S. 254—257; auch die Notiz über die Kreisschnitte, ebenda S. 253, hängt damit zusammen. Diese Auszüge verdienen um so mehr Beachtung, als die im Nachlaß vorhandenen Notizen über Abhandlungen, die Gauß gelesen hatte, lediglich aus der Göttinger Studienzeit (1795—1798) stammen; aus der späteren Zeit sind uns jedenfalls keine Aufzeichnungen dieser Art erhalten, und auch in den Handbüchern fehlen sie, abgesehen von dem soeben erwähnten Ausnahmefall.

---

1) Vgl. auch den Brief an Schumacher vom 19. Mai 1843, Br. G.-Sch. IV, S. 151.

Gauß muß also in den Sätzen von Cauchy etwas Besonderes gefunden haben, vielleicht Berührungspunkte mit eigenen Untersuchungen.

In der ersten Note[1]) betrachtet Cauchy eine ganze rationale Funktion der rechtwinkligen Koordinaten eines Punktes der Ebene und zeigt, daß man ihren Werten eine einfache geometrische Bedeutung beilegen kann; hiervon werden Anwendungen auf die Kegelschnitte gemacht.

Die zweite Note[2]) enthält eine analytische Lösung der Aufgabe von Amyot, eine Fläche zweiter Ordnung als geometrischen Ort der Punkte darzustellen, bei·denen das Produkt der Entfernungen von zwei festen Ebenen zu dem Quadrat der Entfernung von einem festen Punkte in einem gegebenen Verhältnis steht[3]). Cauchy zeigt, daß die Aufgabe, abgesehen von der Ausziehung gewisser Quadratwurzeln, auf eine Gleichung dritten Grades führt, die mit der bekannten Gleichung für die reziproken Quadrate der Hauptachsen übereinstimmt, ein Ergebnis, das man bei Heranziehung der Kreisschnitte leicht bestätigen wird.

Zu der Gleichung dritten Grades bemerkt Gauß: „Dies Resultat ist ganz identisch mit meinem eigenen, vor 24 Jahren publizierten, was auch auf einem besonderen Blatte steht“, und fügt die Buchstabenvertauschung hinzu, die Cauchys Gleichung in die seinige überführe. Die Abhandlung, auf die er sich bezieht, ist die 1818 erschienene Determinatio attractionis, quam ... exerceret planeta ..., und zwar handelt es sich um die Formel [13] (W. III, S. 341). Das besondere Blatt ist die Seite 114 des Handbuchs 19 Be; sie enthält die kubische Gleichung für die reziproken Quadrate der Hauptachsen genau in der von Gauß angegebenen Bezeichnung. Damit stimmt, daß eine Notiz auf S. 103 des Handbuchs das Datum des 20. Februar 1817 trägt. In anderer Bezeichnungsweise findet sich die kubische Gleichung auf S. 166 desselben Handbuches; diese etwa aus dem Jahre 1831 stammende Notiz ist W. II, S. 307 abgedruckt. In geschichtlicher Beziehung sei noch

---

1) A. L. Cauchy, Mémoire sur la synthèse algébrique, Comptes rendus, t. 16, Paris 1843, S. 867, Oeuvres, 1. série, t. 7, Paris 1892, S. 382.

2) A. L. Cauchy, Notes annexées au Rapport sur le Mémoire de M. Amyot, Comptes rendus, ebenda, S. 885, Oeuvres, ebenda S. 377.

3) Ein ausführlicher Bericht über die der Pariser Akademie eingereichte Abhandlung Amyots: Nouvelle méthode de génération et de discussion des surfaces du second ordre von Cauchy steht Comptes rendus ebenda, S. 783, Oeuvres, ebenda S. 325; die Abhandlung Amyots ist abgedruckt in Liouvilles Journal, 2. série, t. 8, 1843, S. 163.

bemerkt, daß die kubische Gleichung schon 1812 von Hachette und Petit[1]) angegeben war und daß Cauchy sie 1826 abgeleitet hatte[2]).

27.
Sphärische Trigonometrie.

De Gua[3]) und Lagrange[4]) hatten gezeigt, daß die Cosinusformel zum Aufbau der ganzen sphärischen Trigonometrie ausreicht, ihre Ableitungen gelten indessen nur für Bogen, die nicht größer als 90^0 sind. In dem Zusatz VII (1810) zu Carnots Geometrie der Stellung (2. Teil, S. 373, W. IV, S. 401) hat Gauß diese Lücke ausgefüllt und Bogen bis zu 180^0 zugelassen, wie sie in der Praxis tatsächlich vorkommen[5]). Aber schon in der Theoria motus corporum coelestium, die 1809 erschienen war, hatte er im Art. 54 auf die allgemeinste Auffassung des sphärischen Dreiecks hingewiesen, bei der weder Seiten noch Winkel irgend welchen Beschränkungen unterworfen seien; die ausführlichere Darstellung, die er in Aussicht stellte, ist nicht veröffentlicht worden. Später hat Möbius, auch hier in den Spuren von Gauß wandelnd, die Untersuchung für Bogen und Winkel durchgeführt, die bis 360^0 reichen[6]), zur vollen Allgemeinheit ist aber erst Study (1893) gelangt[7]).

Die vier Fundamentalformeln der sphärischen Trigonometrie lauten in der Gestalt, die Gauß sich zu seinem Gebrauch auf-

---

1) Hachette und Petit, De l'équation qui a pour racines les carrés des demiaxes principaux d'une surface du second ordre, Correspondance sur l'école polytechnique, t. 2, 1812, S. 324, 327.

2) A. L. Cauchy, Leçons sur les applications du calcul infinitésimal à la géométrie, t. I, Paris 1826, S. 240; Oeuvres, 2. série, t. 5, S. 250.

3) J. P. de Gua, Trigonométrie sphérique, Mém. de l'Acad., année 1783, Paris 1786, S. 291.

4) J. L. Lagrange, Solution de quelques problèmes relatifs aux triangles sphériques, Journal de l'école polytechnique, cahier 6, 1798, S. 279, Oeuvres, t. 7, S. 329.

5) Für die rechtwinkligen Dreiecke hatte schon Klügel diese Erweiterung vorgenommen, Analytische Trigonometrie, Braunschweig 1770.

6) A. F. Möbius, Ueber eine neue Behandlungsweise der analytischen Sphärik, Abhandlungen bei Begründung der Königl. Sächs. Gesellschaft der Wissenschaften herausgegeben von der Jablonowskischen Gesellschaft d. W., Leipzig 1846, S. 45, Werke II, S. 1.

7) E. Study, Sphärische Trigonometrie, orthogonale Substitutionen und elliptische Funktionen, Leipziger Abhandlungen, Bd. 21, 1893.

gezeichnet hatte und die er für die angemessenste hielt (Brief an Schumacher vom 26. September 1844, Br. G.-Sch., IV, S. 310):

$$\cos a = \cos b \cos c + \sin b \sin c \cos A,$$
$$\sin a \sin B = \sin b \sin A,$$
$$\cos A \cos c = \operatorname{cotang} b \sin c - \operatorname{cotang} B \sin A,$$
$$\cos A = - \cos B \cos C + \sin B \sin C \cos a.$$

Sie sind nebst den zugehörigen, ebenfalls von Gauß angegebenen Differentialformeln in die Sammlung von Hülfstafeln aufgenommen worden, die Warnstorff 1845 als neue Ausgabe der von Schumacher 1822 veröffentlichten Tafeln herausgegeben hat[1]). Man findet hier auch eine Anweisung, die dritte Formel dem Gedächtnis einzuprägen, welche Gauß, ·wie Wittstein berichtet[2]), seinen Zuhörern mitzuteilen pflegte.

Im Art. 54 der Theoria motus (1809) hatte Gauß ohne Beweis vier Gleichungen zwischen den sechs Stücken eines sphärischen Dreiecks angegeben, die er als nützlich für die Auflösung eines solchen Dreiecks bezeichnete, wenn eine Seite und die anliegenden Winkel gegeben sind. Gefunden hatte er diese Gleichungen, wie es scheint, auf dem Umwege von Betrachtungen über die Frage, wie man die Gleichungen zwischen den Stücken eines sphärischen Dreiecks auf Gleichungen zwischen den Stücken eines ebenen Dreiecks ·zurückführen könne (W. IV, S. 404). Später hat er in dem Brief an Gerling vom 18. Februar 1815 eine einfache Herleitung gegeben (W. VIII, S. 289); dabei findet man zugleich die richtigen Vorzeichen der linken Seiten, die, wie Gauß bereits in der Theoria motus bemerkt hatte, bei der Ausdehnung über 180^0 besonders bestimmt werden müssen.

Delambre hat in der ausführlichen Besprechung der Theoria motus, die er in der Connaissance des temps pour l'an 1812, Paris, juillet 1810, veröffentlicht hat, darauf hingewiesen (S. 451), daß er jene Formeln schon im Jahre 1807 bekannt gemacht habe[3]). Er

---

1) G. H. L. Warnstorff, Sammlung von Hülfstafeln, Altona 1845, S. 132. Die Formeln werden dort nicht ausdrücklich als von Gauß herrührend bezeichnet, wie es bei den anderen Beiträgen von Gauß geschehen ist, z. B. bei den Tafeln für barometrisches Höhenmessen; vgl. W. IX, S. 456.

2) Th. Wittstein, Lehrbuch der Elementar-Mathematik, 2. Band, 2. Abteilung, Hannover 1862, S. 146: die betreffende Stelle ist abgedruckt W. X 1, S. 457.

3) Connaissance des temps pour l'an 1809, Paris avril 1807, S. 445. Auch Delambre hat die Formeln ohne Beweis mitgeteilt. Ein Beweis ist zuerst von K. B. Mollweide gegeben worden, der die Formeln selbständig gefunden hat,

fügt hinzu: „Quand j'eus trouvé ces formules, j'en cherchai des applications qui pouvaient être vraiment utiles; n'en voyant aucune je les donnai simplement comme curieuses", und wiederholt dreimal, daß er ihnen die Neperschen Analogien vorziehe (S. 364, 370, 385). Eine Erfahrung von mehr als hundert Jahren hat gezeigt, daß die „Delambreschen Gleichungen" für die Auflösung der sphärischen Dreiecke wahrhaft nützlich sind[1]); im Besonderen werden sie in der Geodäsie bei der Berechnung der Soldnerschen (rechtwinklig-sphärischen) Koordinaten angewandt[2]).

Für den Legendreschen Satz von der Zurückführung eines kleinen sphärischen Dreiecks auf ein ebenes Dreieck mit eben so langen Seiten sei auf den fünften Abschnitt dieses Aufsatzes (Nr. 30) verwiesen. Hier möge nur noch die zierliche Lösung der Aufgabe erwähnt werden, den Ort der Spitze eines sphärischen Dreiecks auf gegebener Grundseite und mit gegebenem Inhalt zu finden, die Gauß in dem Briefe an Schumacher vom 6. Januar 1842 entwickelt hat (W. VIII, S. 293). Sie gehört in die Zeit der „geometrischen Nachblüte", aus der die Mehrzahl der Untersuchungen herrührt, über die in diesem Abschnitt berichtet wurde.

Zusätze zur ebenen und sphärischen Trigonometrie, Monatliche Correspondenz, Bd. 18, 1808, S. 394.

1) Vgl. E. Hammer, Lehr- und Handbuch der ebenen und sphärischen Trigonometrie, 4. Aufl., Stuttgart 1916, S. 479, 481.

2) Vgl. W. Jordan, Handbuch der Vermessungskunde, Bd. III, 4. Aufl., Stuttgart 1896, S. 259.

Abschnitt V.
Die allgemeine Lehre von den krummen Flächen.

28.
Entwicklung der Grundgedanken bis zum Jahre 1816.

Ähnlich wie im 17. Jahrhundert aus den Bedürfnissen der Mechanik die Infinitesimalrechnung hervorgegangen ist, verdankte im 19. Jahrhundert die allgemeine Lehre von den krummen Flächen ihre Entstehung der Geodäsie. In beiden Fällen hat sich aus der angewandten Mathematik ein neuer, lebensfähiger Zweig der reinen Mathematik losgelöst, hat ein selbständiges Dasein gewonnen und sich zu einem ausgedehnten, reich gegliederten Inbegriff theoretischer Untersuchungen ausgestaltet.

Die Frage nach der Gestalt und der Größe der Erde hatte die Astronomen, Physiker und Mathematiker während des 18. Jahrhunderts lebhaft beschäftigt, ja die großen Gradmessungen in Lappland (1736—1737) und Peru (1735—1741) hatten die Aufmerksamkeit aller Gebildeten erregt. Handelte es sich hier um einen rein wissenschaftlichen Gegenstand, so gewann die Geodäsie bald auch praktische Wichtigkeit. Die Einführung des metrischen Systems veranlaßte die Gradmessung von Méchain und Delambre zwischen Dünkirchen und Barcelona (1792—1798). Dazu kamen die Anforderungen der Heeresführung und der Steuerverwaltung, die eine planmäßige Triangulierung der Staaten nötig machten. Hand in Hand mit der Ausdehnung der geodätischen Messungen ging die Ausbildung und Verfeinerung der mathematischen Hilfsmittel.

Im Jahre 1816 hatte Schumacher, seit 1815 Leiter der Sternwarte zu Altona, von König Friedrich VI. von Dänemark den Auftrag erhalten, Gradmessungen im Meridian von Skagen bis Lauenburg und im Parallel von Kopenhagen bis zur Westküste Jütlands als Grundlage für eine spätere Triangulierung auszuführen. Als Schumacher sogleich bei Gauß anfragte, ob es sich ermöglichen ließe, den Meridianbogen durch das Königreich Hannover fortzusetzen und so den Anschluß an die Dreiecke des preußischen Generalstabs zu gewinnen, antwortete dieser am 5. Juli 1816 mit einer bei ihm ungewöhnlichen Wärme des Tones:

„Vor allen Dingen meinen herzlichen Glückwunsch zu der herrlichen, großen Unternehmung, die Sie mir in Ihrem letzten

Briefe ankündigen. Diese Gradmessung in den k. dänischen Staaten wird uns, an sich schon, über die Gestalt der Erde schöne Aufschlüsse geben. Ich zweifle indessen gar nicht, daß es in Zukunft möglich zu machen sein wird, Ihre Messungen durch das Königreich Hannover südlich fortzusetzen. . . . Ueber die Art, die gemessenen Dreiecke im Kalkül zu behandeln, habe ich mir eine eigene Methode entworfen, die aber für einen Brief viel zu weitläufig würde. In Zukunft . . . . werde ich mit Ihnen darüber ausführlich konferieren: ja ich erbiete mich, die Berechnung der Hauptdreiecke selbst auf mich zu nehmen" (W. IX, S. 345).

Daß Gauß Freude an geodätischen Messungen und Rechnungen hatte, läßt sich bis in die Frühzeit hinein verfolgen. Zum Beispiel beteiligte er sich im August und September 1803 an den Beobachtungen der Pulversignale, die v. Zach auf dem Brocken veranstaltete, und lieferte um dieselbe Zeit Berechnungen für die von dem preußischen Generalmajor v. Lecoq vorgenommene trigonometrische Aufnahme Westfalens[1].

Als Gauß im September 1812 v. Zach auf der Sternwarte Seeberg bei Gotha besuchte, fand er (T. Nr. 142) seine Auflösung der Aufgabe, die Anziehung eines elliptischen Sphäroides zu bestimmen, die er 1813 veröffentlicht hat (W. V, S. 1). In der Selbstanzeige sagt er, die Auflösung sei so ausführlich dargestellt, um sie „auch weniger geübten Lesern verständlich zu machen, denen diese für die Gestalt der Erde so interessanten Untersuchungen bisher ganz unzugänglich waren" (W. V, S. 217).

Daß Gauß sich in der Zeit zwischen 1812 und 1816 mit der Lehre von den kürzesten Linien auf dem elliptischen Sphäroid beschäftigt hat, zeigt schon der vorher angeführte Brief an Schumacher vom 5. Juli 1816. Dazu kommen die Briefe an Olbers vom 13. Januar 1821 (W. IX, S. 367) und an Bessel vom 11. März 1821 und 15. November 1822 (Br. G.-Bessel, S. 380 und 410), in denen er bemerkt, er habe seine Theorie der Behandlung der Messungen auf der Oberfläche der Erde schon seit geraumer Zeit entwickelt; seine Andeutungen lassen erkennen, daß er damit das in den artt. 11 und 16 der Untersuchungen über Gegenstände der höheren Geodäsie (W. IV, S. 274 und 286) dargelegte Verfahren meinte. Auch erklärt er in der Selbstanzeige der zweiten Abhandlung über Gegenstände der höheren Geodäsie vom 28. September 1846: „Der Verfasser, welcher alle diese Unter-

---

1) Näheres findet man in dem Aufsatz von Galle über die geodätischen Arbeiten von Gauß, der demnächst in diesen Materialien erscheinen wird.

suchungen schon vor mehr als dreißig Jahren zu seinem Privatgebrauch durchgeführt und nur bisher zur Veröffentlichung noch keine Veranlassung gefunden hatte . . ." (W. IV, S. 353).

Gauß hat jedoch damals noch mehr besessen. Er kannte zunächst die in dem Brief an Schumacher vom 21. November 1825 (W. VIII, S. 401) erwähnte Verallgemeinerung des Legendreschen Lehrsatzes von der Zurückführung eines kleinen sphärischen Dreiecks auf ein ebenes Dreieck mit eben so langen Seiten. Ferner wird schon in § 10 der Theoria attractionis corporum sphaeroidicorum ellipticorum (1813) auf die Lehre von der Abbildung der krummen Flächen hingewiesen (W. V, S. 14). Im Frühjahr 1816 hatte Gauß als Preisaufgabe für die neue, von v. Lindenau und Bohnenberger begründete Zeitschrift für Astronomie und verwandte Wissenschaften die Aufgabe vorgeschlagen, zwei krumme Flächen mit Erhaltung der Ähnlichkeit in den kleinsten Teilen auf einander abzubilden [1]). Der Brief an Schumacher vom 5. Juli 1816 (W. VIII, S. 370) beweist, daß er ihre Lösung besaß; übrigens hat er diese in einer gleichzeitig niedergeschriebenen Aufzeichnung angegeben (W. VIII, S. 371). Unmittelbar darauf folgt (Handbuch 16 Bb, S. 71) das „schöne Theorem", daß einander entsprechende Stücke von Biegungsflächen, wenn sie auf die Himmelskugel mittels paralleler Normalen abgebildet werden, auf der Kugel Flächenstücke gleichen Inhalts ergeben (W. VIII, S. 372). Hierin liegt die Erhaltung der Gesamtkrümmung eines Flächenstückes gegenüber Biegungen. Aber auch der Begriff, freilich nicht der Name, des Krümmungsmaßes läßt sich bis in die Zeit zwischen 1813 und 1816 zurückverfolgen, denn eine Notiz aus dieser Zeit bringt den Satz, daß bei jener Abbildung auf die Kugel vom Halbmesser Eins das Verhältnis des Bildes eines Flächenelementes zu diesem selbst gleich dem Produkte der Hauptkrümmungen ist (W. VIII, S. 367).

Zusammenfassend und in einigen Punkten ergänzend kann man die Ergebnisse aus der allgemeinen Lehre von den krummen Flächen, zu denen Gauß bis zum Jahre 1816 gelangt war, etwa folgendermaßen darstellen:

1. Auffassung der kartesischen Koordinaten eines Punktes einer krummen Fläche als Funktionen von zwei Hilfsgrößen (Theoria attractionis § 10, W. V, S. 14)), Abbildung krummer Flächen (ebenda), Abbildung mittels paralleler Normalen auf die

---

1) Hierauf beziehen sich die Briefe von v. Lindenau an Gauß vom 18. und 28. Juni 1816 (Briefe im Gauß-Archiv); die Briefe von Gauß an v. Lindenau scheinen vernichtet worden zu sein, vgl. Br. G.-Bolyai, S. 156 (Brief von Sartorius v. Waltershausen an W. Bolyai vom 12. August 1856).

Kugel vom Halbmesser Eins (W. VIII, S. 367)[1]), konforme Abbildung zweier krummer Flächen auf einander (W. VIII, S. 370).

2. Abwicklung oder Biegung krummer Flächen als besonderer Fall der Abbildung; Begriff der Gesamtkrümmung eines Flächenstücks, Begriff des einem Punkte der Fläche zugeordneten Krümmungsmaßes, Erhaltung des Krümmungsmaßes gegenüber Biegungen (W. VIII, S. 376, 372).

3. Die Haupteigenschaften der kürzesten Linien auf krummen Flächen, genauere Untersuchung für das elliptische Sphäroid (W. IX, S. 72—77), Verallgemeinerung des Legendreschen Theorems auf beliebige Flächen (W. VIII, S. 401).

Man erkennt, daß bereits in der Zeit zwischen 1812 und 1816 die Fundamente für das Gebäude der Disquisitiones generales gelegt worden sind. Diese Leistung tritt jedoch erst in das rechte Licht, wenn man sich die gesamte Tätigkeit von Gauß während jenes Zeitraumes vergegenwärtigt.

In der reinen Mathematik hatte das Jahr 1812 mit der Veröffentlichung des ersten Teiles der Untersuchungen über die hypergeometrische Reihe begonnen (W. III, S. 123). Im Dezember 1815 und im Januar 1816 wurden der Göttinger Gesellschaft die beiden neuen Beweise für den Fundamentalsatz der Algebra vorgelegt (W. III. S. 31 und 57). Für die Zahlentheorie ist die im Februar 1817 vorgelegte Abhandlung über die quadratischen Reste zu nennen, die den fünften und den sechsten Beweis für das Reziprozitätsgesetz enthält (W. II, S. 47); auch die Lehre von den biquadratischen Resten ist damals gefördert worden, wie aus den Briefen an Bessel vom 23. Dezember 1816 (W. X 1, S. 76) und an Dirichlet vom 30. Mai 1828 (W. II, S. 516) hervorgeht. Aus der Geometrie sind die Untersuchungen zur Flächentheorie bereits erwähnt worden. Dazu kommen aus dem Jahre 1816 zwei Besprechungen von Versuchen, das Parallelenaxiom zu beweisen (W. IV, S. 363, VIII, S. 170). Wie wir gesehen haben, wußte Gauß hier mehr, als er öffentlich auszusprechen für gut fand, er war gerade damals zur nichteuklidischen Trigonometrie durchgedrungen (W. VIII, S. 176).

Die Abhandlung über die mechanische Quadratur vom 16. September 1814 bildet den Uebergang zur angewandten Mathematik (W. III, S. 163). In diese selbst führt die Bestimmung der Anziehung der homogenen elliptischen Sphäroide vom 18. März 1813

---

1) Die Beziehung der Richtungen im Raume auf die Punkte der Einheitskugel findet sich schon in der Scheda Ac, Varia, begonnen Nov. 1799, S. 3.

(W. V, S. 1). Im Anschluß an die Beobachtungen des Kometen vom Jahre 1813 wurde die Theoria motus nach der Seite der parabolischen Bahnen ergänzt; die betreffende Abhandlung ist vorgelegt am 10. September 1813 (W. VI, S. 25). Ferner sind anzuführen zahlreiche, meistens in den Göttinger Anzeigen veröffentlichte astronomische Rechnungen und Beobachtungen (W. VI, S. 354—392). Die Untersuchungen aber, denen Gauß während der Zeit von 1810 bis 1818 wohl den größten Teil seiner Zeit und Kraft gewidmet hat, die Störungen der Pallas, sind nicht abgeschlossen worden; erst im Jahre 1906 hat Brendel die Bruchstücke herausgegeben (W. VII, S. 439—600).

„In jener Zeit" schreibt Sartorius von Waltershausen (S. 50), „schien ihm keine Anstrengung des Geistes und des Körpers zu groß, um eine Reihe von Arbeiten durchzuführen, dazu bestimmt, die Wissenschaft des 19. Jahrhunderts zu reformieren und ihr Fundamente zu unterbreiten, deren Festigkeit erst von künftigen Geschlechtern anerkannt und gewürdigt werden wird".

29.

Die Kopenhagener Preisschrift (1822).

So lebhaft der Anteil war, den Gauß an den Gradmessungen nahm, so warm er die Nachricht von Schumachers Unternehmen begrüßt hatte, so hat er sich doch über den Vorschlag, den Meridian durch Hannover fortzusetzen, zurückhaltend geäußert. „In diesem Augenblick", schreibt er am 5. Juli 1816, „kann ich zwar solchen Wunsch in Hannover noch nicht in Anregung bringen, da erst die Astronomie selbst noch so großer Unterstützung bedarf: allein ich bin überzeugt, daß demnächst unsere Regierung, die auch die Wissenschaften gern unterstützt, dem glorreichen Beispiel Ihres trefflichen Königs folgen werde" (W. IX, S. 345). In der Tat näherte sich zu dieser Zeit der lange hingezogene Neubau der Göttinger Sternwarte der Vollendung, und Gauß war im April und Mai 1816 in München gewesen, um mit Reichenbach und Steinheil wegen der neu zu beschaffenden Meßwerkzeuge zu verhandeln. Im Herbst des Jahres hat er dann seinen Einzug in die Räume gehalten, die er fast 40 Jahre innehaben sollte.

Gaede hat auf Grund der Akten dargelegt, wie der „welterfahrene und geschäftsgewandte" Schumacher (Br. G.-Sch. I, S. 190) in jahrelangen Verhandlungen die Schwierigkeiten überwand, die sich seinem zum „Sollizitieren" wenig geneigten und geeigneten Freunde (Br. G.-Sch. I, S. 142) entgegenstellten, bis dieser endlich durch die Kabinetsordre Georg IV., Königs von England und Hannover, vom 9. Mai 1820 den Auftrag zur Ausführung der Gradmessung erhielt[1]). Die Messungen im Felde haben fünf Arbeitsjahre, 1821 bis 1825, erfordert, und im Frühjahr 1827 folgte noch die astronomische Bestimmung des Breitenunterschiedes der Sternwarten zu Göttingen und zu Altona. Nunmehr wurde durch die Kabinetsordre vom 25. März 1828 die Triangulation des ganzen Königreichs Hannover befohlen, und Gauß am 14. April vom Ministerium mit der Leitung beauftragt. Wenn er auch an den Aufnahmen im Feld nicht mehr teilnahm, so erwuchs ihm doch aus den Messungsergebnissen eine große und öde Rechenarbeit, die erst mit dem Jahre 1848 zum Abschluß gekommen ist. Wiederholt hat Gauß beklagt, wie sehr er dadurch in seinen wissenschaftlichen Untersuchungen gehemmt werde. „Gewiß ist`, daß wenn meine Lage immer die nämliche bleibt, ich den größern Teil meiner früheren theoretischen Arbeiten, denen noch, der einen mehr, der andern weniger an der Vollendung fehlt, und die von solcher Art sind, daß Vollendung sich nicht erzwingen läßt, wenn man eben will, mit ins Grab nehmen werde. Denn etwas Unvollendetes kann und mag ich einmal nicht geben“ (Brief an Bessel vom 15. November 1822, Br. G.-Bessel S. 410). Nur wer sich in eine solche Lage und Stimmung zu versetzen vermag, wird verstehen, wie es gekommen ist, daß Gauß nur einen Teil seiner umfangreichen Untersuchungen über die allgemeine Lehre von den krummen Flächen ausgearbeitet und bekanntgegeben hat.

Wir verdanken es wiederum Schumacher, daß Gauß mit der Veröffentlichung seiner Entdeckungen einen Anfang machte. Wie schon erwähnt wurde, hatte Gauß in dem Briefe vom 5. Juli 1816 von einer Preisfrage erzählt, die er für die neue astronomische Zeitschrift vorgeschlagen hatte, die aber nicht gewählt worden war. „Mir war eine interessante Aufgabe eingefallen“, schreibt er, „nämlich: allgemein eine gegebene Fläche so auf einer andern (gegebenen) zu projizieren (abzubilden), daß das Bild dem Original in den kleinsten Teilen ähnlich werde. Ein spezieller Fall ist, wenn die erste Fläche eine Kugel, die zweite eine Ebene ist. Hier sind die stereographische und die merkatorische Projektionen partikuläre Auflösungen. Man will aber die allgemeine Auflösung, worunter alle partikulären begriffen sind, für jede Arten von

---

1) Vgl. Gaede, Beiträge zur Kenntnis von Gauß' praktisch-geodätischen Arbeiten, Zeitschrift für Vermessungswesen, Bd. 14, 1885; auch als besondere Schrift, Karlsruhe 1885 erschienen.

Flächen. Es soll darüber in dem Journal philomathique bereits von Monge und Poinsot gearbeitet sein (wie Burckhardt an Lindenau geschrieben hat), allein da ich nicht genau weiß wo, so habe ich noch nicht nachsuchen können und weiß daher nicht, ob jener Herren Auflösungen ganz meiner Idee entsprechen und die Sache erschöpfen" (W. VIII, S. 370)[1]).

Schumacher benutzte die erste sich ihm darbietende Gelegenheit und veranlaßte, daß die Kopenhagener Sozietät der Wissenschaften im Jahre 1820 für 1821 die Preisaufgabe stellte, „generaliter superficiem datam in alia superficie ita exprimere, ut partes minimae imaginis archetypo fiant similes". Nachdem keine Abhandlung eingelaufen war, wurde die Aufgabe für 1822 erneuert. Als Schumacher am 4. Juni 1822 Gauß davon benachrichtigte (Br. G.-Sch. I, S. 267), antwortete dieser am 10. Juni: „Es tut mir leid, die Wiederholung Ihrer Preisfrage erst jetzt zu erfahren . . . aber so lange die praktischen Messungsarbeiten dieses Jahres dauern, kann ich natürlich an eine subtile theoretische Ausarbeitung gar nicht denken" (Br. G.-Sch. I, S. 270). Am 25. November d. J. fragte er bei seinem Freunde an, bis wann die Preisarbeit eingesendet werden müsse (Br. G.-Sch. I, S. 293), und nachdem dieser erwiedert hatte, bis Ende des Jahres, schickte ihm Gauß am 11. Dezember 1825 seine Ausarbeitung (Br. G.-Sch. I, S. 297). Am 23. Juli 1823 konnte Gauß melden, daß er den Preis erhalten habe (Br. G.-Sch., I, S. 317). Da die Kopenhagener Gesellschaft sich mit dem Druck der gekrönten Arbeiten nicht befaßte, ist die Abhandlung erst 1825 im dritten und letzten Hefte der von Schumacher herausgegebenen Astronomischen Abhandlungen erschienen (W. IV, S. 189; vgl. auch Br. G.-Sch. II, S. 5—7, 17, 22).

Der Begriff der Abbildung steht im Mittelpunkt der Gaußschen Lehre von den krummen Flächen. „Sie haben ganz Recht", schreibt Gauß am 11. Dezember 1825 an Hansen, „daß bei allen Kartenprojektionen die Ähnlichkeit der kleinsten Teile die wesentliche Bedingung ist, die man nur in ganz speziellen Fällen und Bedürfnissen hintansetzen darf. Es wäre wohl zweck-

---

1) Weder in dem Bulletin de la société philomathique noch in den sonstigen Veröffentlichungen von Monge und Poinsot hat sich eine auf die konforme Abbildung bezügliche Stelle finden lassen. Vielleicht hat Burckhardt an Poissons Note: Sur les surfaces élastiques gedacht, die im Bulletin, année 1814, S. 47 steht und in deren erstem Teil biegsame, unausdehnbare Flächen betrachtet werden. Die Note ist ein Auszug aus einer Abhandlung, die Poisson am 1. August 1814 gelesen hatte und die in dem zweiten Teil der Mémoires de l'Institut, année 1812, Paris 1816, S. 167 erschienen ist.

mäßig, den Darstellungen, die jener Bedingung Genüge leisten, einen eigenen Namen zu geben. Inzwischen, allgemein betrachtet, ist sie doch nur eine Unterabteilung des Generalbegriffs von Darstellung einer Fläche auf einer andern, die in der Tat gar nichts weiter enthält, als daß jedem Punkt der einen nach irgend einem stetigen Gesetz ein Punkt der andern korrespondieren soll. Es mag wohl etwas Anstrengung kosten, sich zu diesem allgemeinen Begriff zu erheben; dann aber fühlt man sich auch wirklich auf einem höhern Standpunkt, wo alles in vergrößerter Klarheit erscheint. . . . Man kann leicht zeigen, daß, wie allgemein dieser Begriff sei, doch allemal jeder unendlich kleine Teil (mit Ausnahme der Stellen an singulären Punkten oder Linien) wahrhaft perspektivisch dargestellt wird, entweder mit völliger Ähnlichkeit, so wie perspektivische Darstellung auf paralleler Tafel, oder mit halber Ähnlichkeit, in der in einem Sinn eine Verkürzung statt hat" (Brief im Gauß-Archiv).

Für die Abbildungen, bei denen völlige Ähnlichkeit stattfindet, hat Gauß im Jahre 1843 das Beiwort konform vorgeschlagen (W. IV, S. 262); für den besonderen Fall der Abbildung des Erdsphäroids auf die Ebene hatte schon Schubert (1789) von einer projectio conformis gesprochen [1]). Den Satz, daß eine beliebige stetige Abbildung, von singulären Stellen abgesehen, im Unendlichkleinen projektiv ist, hat wohl Tissot (1859) zuerst bekannt gemacht [2]).

Die konforme Abbildung hat eine Vorgeschichte. Schon die Griechen kannten und benutzten die stereographische Projektion der Kugel auf die Ebene, und Gerhard Mercator (1512—1594) hatte die nach ihm benannte Abbildung hinzugefügt. Lambert (1772) war dann zu dem allgemeinen Begriff solcher Abbildungen der Kugel auf eine Ebene gelangt, bei denen die Ähnlichkeit in den kleinsten Teilen erhalten bleibt, und hatte verschiedene neue Projektionen dieser Art angegeben, die noch heute bei der Herstellung geographischer Karten verwendet werden [3]).

Lambert hat in seiner Abhandlung auch die Formeln für die allgemeine konforme Abbildung einer Kugel auf eine Ebene mit-

---

1) F. Th. Schubert, De projectione sphaeroidis ellipticae geographica, Nova acta acad. sc. Petrop., t. 5 ad annum 1787, Petersburg 1789, S. 130.

2) A. Tissot, Sur les cartes géographiques, C. R. t. 49, Paris 1859, S. 673.

3) J. H. Lambert, Anmerkungen und Zusätze zur Entwerfung der Land- und Himmelscharten, erschienen in den Beyträgen zum Gebrauche der Mathematik, 3. Teil, Berlin 1772, S. 105—199.

112 P. Stäckel,

geteilt, die er Lagrange verdankte. Dieser geht aus von der bekannten Form für das Quadrat des Linienelementes der Kugel

$$(1) \qquad d s^2 = d p^2 + \cos^2 p \cdot d \lambda^2,$$

die er durch die Substitution

$$(2) \qquad \mu = \log \tan g (45^0 + \tfrac{1}{2} p)$$

auf die Form

$$(3) \qquad d s^2 = \cos^2 p (d \lambda^2 + d \mu^2)$$

bringt. Die Forderung, daß die Kugel konform auf die xy-Ebene abgebildet werden soll, führt nunmehr zu der Gleichung

$$(4) \qquad d x^2 + d y^2 = \varphi(\lambda, \mu)(d \lambda^2 + d \mu^2),$$

die, wie die von Lagrange bei Untersuchungen aus der Zahlentheorie häufig benutzte Identität

$$(5) \qquad (A^2 + B^2)(C^2 + D^2) = (A D - B C)^2 + (A C + B D)^2$$

zeigt, erfüllt ist, wenn man

$$(6) \qquad d x = n d \lambda - m d \mu, \quad d y = m d \lambda + n d \mu$$

setzt, und es ist daher, wie das d'Alembertsche Verfahren der linearen Verbindungen[1]) erkennen läßt, $x + \sqrt{-1} \cdot y$ eine Funktion von $\lambda + \sqrt{-1} \cdot \mu$ und gleichzeitig $x - \sqrt{-1} \cdot y$ eine Funktion von $\lambda - \sqrt{-1} \cdot \mu$. Hieraus ergeben sich endlich x und y als Funktionen von λ und μ, die der Gleichung (4) genügen.

Bald darauf hat Euler in einer am 4. September 1775 der Petersburger Akademie vorgelegten, 1778 veröffentlichten Abhandlung denselben Gegenstand behandelt[2]). Er vermeidet den Kunstgriff, die Identität (5) heranzuziehen, und gewinnt die Gleichungen (6) oder doch mit ihnen gleichbedeutende Gleichungen unmittelbar aus der Forderung der Ähnlichkeit in den kleinsten Teilen. Damit ist zugleich bewiesen, daß das Bestehen der Gleichungen (6) nicht nur, wie bei Lagrange, hinreichend, sondern auch notwendig ist. Während ferner Lambert aus den Formeln von Lagrange keinen Nutzen gezogen hatte, gelingt es Euler, mit ihrer Hilfe besondere Lösungen der Aufgabe herzuleiten.

Ein Blick auf die vorstehenden Formeln läßt erkennen, daß das Verfahren von Lagrange und Euler sich ohne Weiteres auf

---

1) Vgl. P. Stäckel, Beiträge zur Geschichte der Funktionentheorie im 18. Jahrhundert, Bibliotheca mathem. (3), 2, 1901, S. 113 und 119.

2) L. Euler, De repraesentatione superficiei sphaericae super plano, Acta acad. sc. Petrop. t. 1 pro anno 1777: I, 1778, S. 107.

den allgemeineren Fall übertragen läßt, wo das Quadrat des Linienelementes der krummen Fläche, die konform auf die Ebene abgebildet werden soll, auf die Gestalt

$$(7) \qquad ds^2 = \psi(\lambda, \mu)(d\lambda^2 + d\mu^2)$$

gebracht werden kann. Für die Drehflächen, bei denen vermöge der Meridiane und Parallelkreise

$$(8) \qquad ds^2 = dp^2 + G(p)\,d\lambda^2$$

ist, gelingt das sofort durch die Substitution

$$(9) \qquad \mu = \int \frac{dp}{\sqrt{G(p)}}.$$

Auf diese Weise ist Lagrange 1781 zu den allgemeinen Formeln für die konforme Abbildung einer Drehfläche auf eine Ebene gelangt; er hat davon schöne Anwendungen gemacht[1]).

Der Fortschritt, den Gauß in der Preisschrift vom Jahre 1822 gemacht hat, liegt darin, daß er zeigte, wie man bei einer beliebigen (reellen) krummen Fläche, bei der das Quadrat des Linienelementes in der allgemeinen Form

$$(10) \qquad ds^2 = E\,dp^2 + 2F\,dp\,dq + G\,dq^2$$

gegeben ist, die besondere Form

$$(11) \qquad ds^2 = \psi(\lambda, \mu)(d\lambda^2 + d\mu^2)$$

herstellen kann. Dies geschieht, indem die Gleichung

$$(12) \qquad ds^2 = 0$$

integriert wird, oder was auf dasselbe herauskommt, indem für zwei konjugiert komplexe lineare Differentialformen, deren Produkt ds^2 ist, die ebenfalls konjugiert komplexen Eulerschen Multiplikatoren ermittelt werden. Damit aber erhält man zugleich die allgemeine konforme Abbildung der gegebenen krummen Fläche auf die Ebene, sodaß es des Verfahrens von Lagrange gar nicht mehr bedarf, und während bei Lagrange das Imaginäre nur formal als Mittel zur Integration der Gleichungen (6) auftrat, ist jetzt durch die Gleichung $ds^2 = 0$ der wahre Grund für das Auftreten von Funktionen komplexer Größen aufgedeckt.

Wer sich der hier dargelegten Auffassung anschließt, wird dem Urteil Jacobis nicht beipflichten können, daß „der Lagrange-

______

1) J. L. Lagrange, Sur la construction des cartes géographiques, Nouv. Mém. de l'Acad., année 1779, Berlin 1781, S. 161, 186; Oeuvres, t. 4, S. 635.

schen Arbeit nur wenig hinzuzusetzen war"[1]). Jacobi hat auch beanstandet, daß Gauß diese Arbeit nicht erwähnt habe; allein Gauß ist überhaupt nicht auf die Geschichte der konformen Abbildung eingegangen, ebenso wie sich auch Euler aller Anführungen enthalten hatte.

30.

Vorarbeiten zu den Allgemeinen Untersuchungen über die krummen Flächen (1822—1825).

Gauß hatte der Kopenhagener Preisschrift als Kennwort den Ausspruch Newtons mitgegeben: Ab his via sternitur ad majora; er bildet den Schluß der 1704 als Anhang zur Optik veröffentlichten Abhandlung De quadratura curvarum, in der Newton ältere Untersuchungen bekannt gab, die ihn zur Fluxionsrechnung geführt hatten[2]).

Was waren die größeren Dinge, zu denen die konforme Abbildung den Weg bahnte? Eine Andeutung findet man im Art. 4 der Preisschrift: „Wenn überdies [das Vergrößerungsverhältnis bei der Abbildung] $m = 1$ ist, wird eine vollkommene Gleichheit [der einander entsprechenden Linienelemente] stattfinden, und die eine Fläche sich auf die andere abwickeln lassen" (W. IV, S. 195). Daß die Lehre von der Abwicklung oder Biegung der krummen Flächen gemeint war, beweist eine Aufzeichnung, die Gauß am 13. Dezember 1822, zwei.Tage, nachdem er die Beantwortung der Preisfrage an Schumacher abgesandt hatte, begonnen und am 15. Dezember beendet hat (W. VIII, S. 374—384). Sie führt den Titel: Stand meiner Untersuchung über die Umformung der Flächen und zeigt, daß er damals für den besonderen Fall, wo das Quadrat des Linienelementes vermöge der konformen Abbildung auf die Form

$$(1) \qquad ds^2 = m(dp^2 + dq^2)$$

gebracht ist, die Rechnungen durchgeführt hat, die sich für den allgemeinen Fall, wo

$$(2) \qquad ds^2 = E\,dp^2 + 2F\,dp\,dq + G\,dq^2$$

---

1) C. G. Jacobi, Vorlesungen über Dynamik, gehalten im W.-S. 1842/43, 2. Ausgabe, Berlin 1884, S. 215; vgl. auch Br. G.-Sch., III, S. 173, der unterdrückte Name ist v. Littrow.

2) I. Newton, Opuscula mathematica, rec. I. Castillioneus, vol. 1, Lausanne und Genf 1744, S. 244; es heißt wörtlich: „Et his principiis via ad majora sternitur".

ist, in den Artt. 9 und 10 der Disq. gen. finden. Das Endergebnis besteht in dem Lehrsatz, daß das Krümmungsmaß der Fläche allein durch die Funktion $m(p, q)$ und deren erste und zweite partielle Ableitungen nach p und q ausgedrückt werden kann. Hieraus folgt sogleich, daß das Krümmungsmaß bei den Biegungen einer Fläche erhalten bleibt.

Wir haben gesehen, daß Gauß das „schöne Theorem" von der Erhaltung des Krümmungsmaßes oder genauer von der Erhaltung der Gesamtkrümmung solcher Flächenstücke, die durch Biegung aus einander hervorgehen, bereits im Jahre 1816 besaß. Wenn man annimmt, daß er den vorstehenden aus der konformen Abbildung fließenden Beweis, der in der Aufzeichnung vom Dezember 1822 als Ziel der Untersuchung erscheint, in der Zeit zwischen 1816 und 1822 gefunden hat, so entsteht die Frage, welches die ursprüngliche Quelle für das Theorem gewesen ist. Aufzeichnungen aus der Zeit vor 1816, die sich darauf beziehen, sind nicht vorhanden, es läßt sich jedoch sehr wahrscheinlich machen, daß die Lehre von den kürzesten Linien auf krummen Flächen den Zugang eröffnet hat.

Die stärksten Gründe für diese Behauptung ergeben sich aus einem ersten Entwurfe der Disq. gen., der den Titel führt: „Neue allgemeine Untersuchungen über die krummen Flächen" und der aus den letzten Monaten des Jahres 1825 stammt (W. VIII, S. 408—442). Es empfiehlt sich daher, zunächst die Entstehung dieses Entwurfs zu schildern und jene Frage im Zusammenhang mit dem Bericht über dessen Inhalt zu erörtern.

Schon am 28. Juli 1823 hatte Gauß, an die kürzlich erfolgte Erteilung des Kopenhagener Preises anknüpfend, zu Olbers bemerkt: „Sollte ich in diesem Leben noch einmal in eine dem Arbeiten günstigere Lage kommen, so werde ich diese Abhandlung [die Preisschrift] mit als Teil einer viel ausgedehnteren Untersuchung verarbeiten" (Br. G.-O., 2, S. 252). Er meinte damit ein größeres, die Theorie und die Praxis der höheren Geodäsie behandelndes Werk. Ein solcher Plan wird ausdrücklich in dem Brief an Olbers vom 9. Oktober 1825 erwähnt. „Ich habe dieser Tage angefangen, in Beziehung auf mein künftiges Werk über Höhere Geodäsie einen (sehr) kleinen Teil dessen, was die krummen Flächen betrifft, in Gedanken etwas zu ordnen. Allein ich überzeuge mich, daß ich bei der Eigentümlichkeit meiner ganzen Behandlung des Zusammenhanges wegen gezwungen bin, sehr weit auszuholen, sodaß ich sogar meine Ansicht über die Krümmungshalbmesser bei planen Kurven vorausschicken muß. Ich bin darüber fast

8*

zweifelhaft geworden, ob es nicht geratener sein wird, einen Teil
dieser Lehren, der ganz rein geometrisch (in analytischer Form) ist
und Neues mit Bekanntem gemischt in neuer Form enthält, erst
besonders auszuarbeiten, es vielleicht von dem Werke abzutrennen
und als eine oder zwei Abhandlungen in unsere Commentationen
einzurücken. Indessen kann ich noch vorerst die Form der Bekanntmachung auf sich beruhen lassen und werde einstweilen in
dem zu Papier bringen fortfahren" (W. VIII, S. 397, IX, S. 376)[1].

Die Briefe an Schumacher vom 21. November 1825 (W. VIII,
S. 400) und an Hansen vom 11. Dezember 1825 (Brief im Gauß-
Archiv) zeigen, daß Gauß bis gegen Ende des Jahres an dem
Entwurf gearbeitet hat. Mit der Darstellung des Krümmungs-
maßes bei geodätischen Polarkoordinaten, für die

$$(3) \qquad\qquad ds^2 = dp^2 + G\,dq^2$$

wird, hat er abgebrochen, augenscheinlich, weil er jetzt erkannte,
daß es möglich sei, eine entsprechende Formel für die allgemeine
Form (2) des Quadrats des Linienelementes aufzustellen. Bei der
wirklichen Durchführung dieses Gedankens, an die er sogleich
ging, ist Gauß auf große Schwierigkeiten gestoßen. Er hat sie
erst im Herbst 1826 überwunden. Hierüber wird in der nächsten
Nummer berichtet werden, in dieser Nummer wenden wir uns zu
den Neuen allgemeinen Untersuchungen.

Wie Gauß in dem Brief an Olbers vom 9. Oktober 1825 an-
gekündigt hatte, beginnen die Neuen allgemeinen Untersuchungen
über die krummen Flächen mit den ihm eigentümlichen Ansichten
über die Krümmung ebener Kurven (artt. 1—6). Zwei Punkte
sind dabei wesentlich, erstens daß er gerichtete Gerade einführt
und so die Frage der Vorzeichen klärt, zweitens, daß die Krümmung der Kurven mittels derjenigen Abbildung auf den Kreis
vom Halbmesser Eins eingeführt wird, bei der Punkte mit parallelen Normalen einander entsprechen.

Zum Raume übergehend bringt Gauß zunächst (artt. 7—8) sieben
einleitende Sätze, die später in die artt. 1, 2 und 4 der Disq. gen.
aufgenommen worden sind; sie dienen dazu, die Abbildung der
krummen Fläche auf die Kugel vom Halbmesser Eins mittels paralleler Normalen zu erleichtern. Das vorletzte Theorem ist neu;
es findet sich auch im Handbuch 19 Be, S. 78 und stammt aus der
Zeit um 1810.

---

1) Vgl. auch den Brief an Pfaff vom 21. März 1825: „Nach Beendigung
der Messungen werde ich darüber ein eigenes Werk, vermutlich von bedeutender
Ausdehnung, ausarbeiten" (W. X 1, S. 250).

Es folgt (artt. 9—11) die Untersuchung des Verhaltens einer krummen Fläche in der Umgebung eines regulären Punktes. Gauß benutzt hier nicht wie in den Disq. gen. (art. 8) das Verfahren der Reihenentwicklung, sondern betrachtet die Schnittkurven der Fläche mit dem Büschel der durch den betrachteten Punkt gehenden Ebenen; er gelangt daher hier auch zu dem Satze von Meusnier, der in den Disq. gen. nicht vorkommt.

Am Schluß des art. 11 wird die Abbildung der krummen Fläche auf die Einheitskugel mittels paralleler Normalen gelehrt. Von hier aus gelangt man, in Verallgemeinerung der bei den ebenen Kurven angestellten Ueberlegungen, zu den Begriffen der Gesamtkrümmung eines Flächenstückes und des Krümmungsmaßes, das einem Flächenpunkte zugeordnet ist. Die einem Flächenstück entsprechende Area auf der Einheitskugel wird hier noch nicht als deren Gesamtkrümmung bezeichnet. Dieser Name ist also wohl erst später entstanden. In dem Brief an Olbers vom 20. Oktober 1825 sagt Gauß, seine Untersuchungen bezögen sich auf eine Menge von Gegenständen, die er nicht anführen könne, „weil die Begriffe davon nicht gangbar sind und selbst noch keine Namen dafür existieren" (Br. G.-O. 2, S. 431, W. VIII, S. 398). Endlich wird der Zusammenhang zwischen dem Krümmungsmaß und den beiden Hauptkrümmungen entwickelt.

Im Unterschied gegen die Disq. gen. wendet sich Gauß nunmehr sogleich zu den k ü r z e s t e n L i n i e n, die auf der betrachteten krummen Fläche liegen, und geht hier auch auf ganz andere Art vor als dort.

Die Aufgabe, zwei gegebene Punkte einer krummen Fläche durch die kürzeste Linie zu verbinden, war 1697 von Johann Bernoulli den Geometern gestellt worden[1]), aber erst 1732 hatte Euler eine Lösung veröffentlicht[2]); Bernoulli gab sein Verfahren 1742 bekannt[3]). Im Laufe des 18. Jahrhunderts wurden besonders die kürzesten Linien auf dem elliptischen Sphäroide untersucht, weil sie für die Geodäsie wichtig waren. Diese Kurven wurden daher als geodätische Linien bezeichnet; erst seit der Mitte des 19. Jahr-

---

1) Joh. Bernoulli, Journal des savants, année 1697, S. 394, Opera omnia, Lausanne 1742, t. I, S. 204.

2) L. Euler, De linea brevissima in superficie quacunque duo quaelibet puncta jungente, Comment. acad. sc. Petrop. t. 3 (1728), 1732, S. 110.

3) Joh. Bernoulli, In superficie quacunque curva ducere lineam inter duo puncta brevissimam, Opera omnia, Lausanne 1742, t. IV, S. 108.

hunderts ist es üblich geworden, bei beliebigen krummen Flächen von geodätischen Linien zu sprechen[1]).

Gauß war, wie wir gesehen haben (S. 105), schon vor 1816 damit beschäftigt gewesen, die Lehre von den kürzesten Linien des Sphäroides für die Zwecke der Geodäsie auszubauen. Er hat sich aber damals auch schon mit den kürzesten Linien auf beliebigen krummen Flächen beschäftigt, denn in dem Briefe an Schumacher vom 21. November 1825 schreibt er, seine allgemeinen Untersuchungen über die krummen Flächen seien durch manchen glücklichen Fund belohnt worden. „So habe ich zum Beispiel die Generalisierung des Legendreschen Theorems, daß auf der Kugel die Seiten [eines kleinen sphärischen Dreiecks] proxime den Sinus der um $\frac{1}{3}$ des sphärischen Exzesses verminderten Winkel proportional sind, auf krumme Flächen jeder Art (wo die Verteilung ungleich geschehen muß), welche ich der Materie nach schon seit vielen Jahren besessen, aber noch nicht zu möglicher Mitteilung an andere entwickelt hatte, jetzt auf eine überaus elegante Gestalt gebracht“ (W. VIII, S. 400; vgl. auch den Brief an Olbers vom 20. Oktober 1825, Br. G.-O. 2, S. 431, W. VIII, S. 399). In einer gleichzeitig niedergeschriebenen Aufzeichnung hat Gauß sein Verfahren angedeutet (W. VIII, S. 401—405); jene ungleiche Verteilung wird danach bedingt durch die Werte, die dem Krümmungsmaß der Fläche in den Eckpunkten des Dreiecks zukommen.

Legendre hatte sein Theorem von der Zurückführung eines kleinen sphärischen Dreiecks auf ein ebenes Dreieck mit Seiten derselben Länge 1789 ohne Beweis bekanntgemacht[2]) und den Beweis 1798 nachgeholt[3]).

---

1) Vgl. P. Stäckel, Bemerkungen zur Geschichte der geodätischen Linien, Leipziger Berichte, 1893. S. 444.

2) A. M. Legendre, Mémoire sur les opérations trigonométriques dont les résultats dépendent de la figure de la terre, Histoire de l'Acad., année 1787, Paris 1789, Mémoires, S. 358.

3) A. M. Legendre, Résolution des triangles sphériques dont les cotés sont très-petits, pour la détermination d'un arc de méridien, Note III des Werkes von Delambre, Méthodes analytiques pour la détermination d'un arc de méridien, Paris, an VIII; kurz darauf erschien im Journal de l'école polytechnique ein Beweis von Lagrange, Solutions de quelques problèmes relatifs aux triangles sphériques, t. II, cah. 6, Paris 1798, S. 270; Oeuvres t. 7, S. 329. Der Merkwürdigkeit wegen sei hier auf die überhebliche Kritik hingewiesen, die Kaestner in seinen Geometrischen Abhandlungen, 2. Sammlung, Göttingen 1791, S. 456—458 an dem Legendreschen Theorem geübt hat; vielleicht hat sie zu dem geringschätzigen Urteil beigetragen, das Gauß über Kaestner als Mathematiker gefällt hat.

Bei einer Verallgemeinerung auf geodätische Dreiecke beliebiger krummer Flächen mußte der erste Schritt sein, die Winkelsumme eines solchen Dreiecks zu ermitteln, und nun sehen wir, daß Gauß in den Neuen allgemeinen Untersuchungen, zu denen wir hiermit zurückkehren, nachdem er bewiesen hat, daß für jeden Punkt einer kürzesten Linie die Schmiegungsebene die betreffende Flächennormale in sich enthält (art. 12), sogleich zu dem Satze übergeht, daß die Summe der Winkel eines geodätischen Dreiecks von zwei Rechten um einen Betrag abweicht, der durch den Inhalt des entsprechenden Dreiecks auf der Einheitskugel gegeben wird, wenn man deren Oberfläche gleich acht Rechten setzt.

Gauß schreibt am 21. November 1825, er habe die Generalisierung des Legendreschen Theorems schon seit vielen Jahren besessen. Man wird daher annehmen dürfen, daß er die ersten Schritte dazu schon vor 1816 gemacht hatte, daß er also schon damals den Satz von der Winkelsumme eines geodätischen Dreiecks besaß, zu dessen Herleitung die Kenntnis der einfachsten Eigenschaften der kürzesten Linien genügt, sobald man den genialen Gedanken der Abbildung mittels paralleler Normalen gefaßt hat; die Beziehung der Richtungen im Raume auf die Einheitskugel hat Gauß aber schon im Jahre 1799 besessen, das zeigt die bereits S. 107 erwähnte Aufzeichnung vom November 1799. Wir wissen ferner, daß er schon vor 1816 die Biegung krummer Flächen betrachtet und nach Kennzeichen dafür gefragt hatte, daß zwei gegebene Flächen durch Biegung aus einander hervorgehen (W. VIII, S. 372). Bei der Biegung entsteht aber aus einem geodätischen Dreieck wieder ein geodätisches Dreieck mit denselben Winkeln, es bleibt also die Winkelsumme erhalten und damit auch die Größe der Area, die dem geodätischen Dreieck auf der Einheitskugel bei der Abbildung mittels paralleler Normalen entspricht. Denkt man sich also ein beliebiges Flächenstück in geodätische Elementardreiecke (Triangulation) zerlegt, so folgt, daß bei der Biegung irgend welchen einander entsprechenden Flächenstücken gleich große Flächenstücke auf der Einheitskugel zugeordnet werden, und das ist genau das „schöne Theorem". Wird schließlich, damit man zu einer Funktion des Ortes auf der Fläche gelangt, in naturgemäßer Verallgemeinerung des Begriffes der Krümmung bei Kurven das Krümmungsmaß bei Flächen als der Grenzwert erklärt, dem das Verhältnis der Area auf der Einheitskugel zu dem entsprechenden Flächenstück zustrebt, wenn dieses auf den betrachteten Punkt zusammenschrumpft, so ergibt sich „der wichtige Lehrsatz, daß bei der Übertragung der Flächen durch Abwicklung das Krümmungsmaß an jeder Stelle unverändert bleibt", und das ist das Endergebnis der Entwicklungen in den artt. 13 — 16 der Neuen allgemeinen Untersuchungen. Die hier gegebene Herleitung wird man mithin als die ursprüngliche, vor 1816 gefundene, dagegen die Herleitung aus der Form (1) des Quadrates des Linienelements als die spätere, zwischen 1816 und 1825 entstandene anzusehen haben.

Es folgt der Beweis des Satzes, daß der Ort der Punkte gleicher geodätischer Entfernung von einem Punkte der Fläche eine Kurve ist, welche die von dem Punkte ausgehenden geodätischen Linien überall unter rechtem Winkel schneidet (art. 17), und den Schluß des Entwurfes bildet der Satz, daß bei Einführung geodätischer Polarkoordinaten, die dem Quadrate des Linienelements die Gestalt (3) verleihen, das Krümmungsmaß allein durch die Funktion $G(p, q)$ und deren erste und zweite partielle Ableitung nach p und q ausgedrückt werden kann (art. 18).

Damit war ein dritter Beweis für die Erhaltung des Krümmungsmaßes gegenüber Biegungen gefunden. Was aber bei den beiden besonderen Formen (1) und (3) des Linienelementes gelungen war, mußte auch für die allgemeine Form (2) gelten, das heißt, es mußte möglich sein, das Krümmungsmaß allein durch die Funktionen $E(p, q)$, $F(p, q)$, $G(p, q)$ und deren erste und zweite partielle Ableitungen auszudrücken. So lange das nicht geleistet war, hatte die Lehre vom Krümmungsmaß keine befriedigende Gestalt gewonnen, und daher hat Gauß Ende 1825 den Entwurf beiseite gelegt, „nil fecisse putans, si quid superesset agendum".

31.

Die Entstehung der Disquisitiones generales
circa superficies curvas (1826 — 1827).

Nur nach langem, hartem Ringen hat Gauß das Ziel erreicht, das er sich Ende 1825 gestellt hatte, die Lehre von den krummen Flächen in voller Allgemeinheit zu begründen. Am 19. Februar 1826 schreibt er an Olbers: „Ich wüßte kaum eine Periode meines Lebens, wo ich bei so angestrengter Arbeit wie in diesem Winter doch verhältnismäßig so wenig reinen Gewinn geerntet hätte. Ich habe viel, viel Schönes herausgebracht, aber dagegen sind meine Bemühungen über anderes oft Monate lang fruchtlos gewesen (Br. G.-O. 2, S. 438). Und am 2. April 1826: „Meine theoretischen Arbeiten lassen bei ihrem so sehr großen Umfange leider noch viele Lücken; am leichtesten wäre mir geholfen, wenn ich mir erlaubte, mit der Bekanntmachung meiner Messungen zwar alle meine Rechnungseinrichtungen zu verbinden, aber deren A b l e i t u n g e n aus ihren höhern Gründen für ein ganz getrenntes Werk für glücklichere zukünftige Zeiten aufsparte. Dann wäre nirgends ein Anstoß. Vors erste werde ich die scharfe Ausgleichung meiner 32 Punkte, die 51 Dreiecke und 146 Richtungen liefern, vornehmen" (W. IX, S. 376). Es sei hierzu bemerkt, daß die Arbeiten im Felde im August 1825 beendet waren, und es sich lediglich um den Abschluß der Rechnungen handelte, sodaß Gauß für seine theoretischen Arbeiten Zeit gewann.

Im Herbst 1826 scheint Gauß durchgedrungen zu sein. Er berichtet am 20. November an Bessel: „Die Verarbeitung der Materialien zu dem beabsichtigten Werke über meine Messungen kostet mich viele Zeit. Meine Hauptdreiecke, 33 Punkte befassend, sind zwar längst fertig berechnet, aber die Berechnung der vielen geschnittenen Nebenpunkte ... macht viel Arbeit ... Noch viel mehr Verlegenheit macht mir der weit ausgedehntere theoretische Teil, der so vielfach in andere Teile der Mathematik eingreift. Ich sehe hier kein anderes Mittel, als mehrere große Hauptpartien von dem Werke abzutrennen, damit sie selbständig und in gehöriger Ausführlichkeit entwickelt werden können. Gewissermaßen habe ich damit schon in meiner Schrift über die Abbildung der Flächen unter Erhaltung der Ähnlichkeit der kleinsten Teile den Anfang gemacht; eine zweite Abhandlung, die ich vor ein paar Monaten der Königlichen Sozietät übergeben habe und die hoffentlich bald gedruckt werden wird, enthält die Grundsätze und Methoden zur Ausgleichung der Messungen[1]) ... Vielleicht werde ich zunächst erst noch eine dritte Abhandlung ausarbeiten, die mancherlei neue Lehrsätze über krumme Flächen, kürzeste Linien, Darstellung krummer Flächen in der Ebene usw. entwickeln wird. Hätten alle diese Gegenstände in mein projektiertes Werk aufgenommen werden sollen, so hätte ich entweder manches ungründlich abfertigen oder dem Werk ein sehr buntscheckiges Ansehen geben müssen" (W. IX, S. 362).

Mit der Ausarbeitung der dritten Abhandlung hat Gauß bald darauf begonnen. Nach dem Briefe an Olbers vom 14. Januar 1827 (Br. G.-O. 2, S. 467) war er damals „schon ziemlich damit vorgerückt", und am 1. März 1827 schreibt er jenem, die Abhandlung sei vollendet, er werde sie jedoch der Sozietät noch nicht übergeben, da doch auf die Ostermesse kein Band der Denkschriften

---

1) C. F. Gauß, Supplementum theoriae combinationis observationum erroribus minimis obnoxiae, vorgelegt den 16. September 1826, W. IV, S. 55.

herauskomme (W. IX, S. 377). In der Tat sind die Disquisitiones generales circa superficies curvas der Göttinger Gesellschaft der Wissenschaften erst am 8. Oktober 1827 vorgelegt und in den Band VI der Commentationes recentiores vom Jahre 1828 aufgenommen worden (W. IV, S. 217). Vorher war in den Göttinger Gelehrten Anzeigen vom 5. November 1827 eine ausführliche Selbstanzeige erschienen (W. IV, S. 341—347).

Von den Neuen allgemeinen Untersuchungen unterscheiden sich die Disquisitiones generales hauptsächlich in zwei Punkten: sie enthalten erstens den Ausdruck für das Krümmungsmaß bei beliebiger Wahl der bestimmenden Veränderlichen p, q und zweitens die Verallgemeinerung des Legendreschen Theorems von der Kugel auf beliebige Flächen.

Die allgemeine Formel für das Krümmungsmaß hat sich Gauß, wie schon angedeutet wurde, im Laufe des Jahres 1826 erarbeitet. Die im Nachlaß befindlichen Aufzeichnungen gestatten es hier, einmal einen vollständigen Einblick in die Entstehung seiner Gedanken zu gewinnen. Da Gauß dabei an schon vorliegende Untersuchungen über die Abwicklung krummer Flächen anknüpft, wird es angebracht sein, einen kurzen geschichtlichen Überblick vorauszuschicken[1]).

Die Abwicklung von Zylindern und Kegeln auf die Ebene war im 18. Jahrhundert wiederholt betrachtet und zur Lösung von Aufgaben benutzt worden. Euler hatte dann (1770) nach den krummen Flächen gefragt, die sich überhaupt auf eine Ebene abwickeln lassen, und war, indem er der Anschauung entnahm, daß die gesuchten Flächen gradlinig sein müssen, zu ihrer allgemeinen Darstellung gelangt[2]). Wie eine erst im Jahre 1862, also nach dem Tode von Gauß aus Eulers Nachlaß abgedruckte Notiz[3]) zeigt, ist dieser um dieselbe Zeit zu dem Problem gelangt, „invenire duas superficies, quarum alteram in alteram transformare licet, ita ut in utraque singula puncta homologa easdem inter se teneant distantias", und hat er dafür genau die Gleichungen angesetzt, die man im art. 12 der Disq. gen. findet. Es ist ihm auch gelungen, ihre Integration für die Biegung von Kegeln in Kegel durchzuführen, und er hat zum Schluß die Frage nach den Biegungen von Stücken einer Kugelfläche aufgeworfen.

---

1) Ausführliche Angaben findet man bei P. Stäckel, Bemerkungen zur Geschichte der geodätischen Linien, Leipziger Berichte, 1893, S. 452—455.

2) L. Euler, De solidis, quorum superficiem in planum explicare licet, Novi Comment. Petrop. 16 (1771), 1772, S. 3; vorgelegt am 5. März 1770.

3) L. Euler, Opera postuma, St. Petersburg 1862, t. I, S. 494—496.

Unabhängig von Euler hatte Monge Untersuchungen über die auf die Ebene abwickelbaren Flächen angestellt. Er hat sie, durch Eulers Abhandlung vom Jahre 1771 veranlaßt, in einer zweiten Arbeit weiter geführt; in dieser findet sich auch die bekannte partielle Differentialgleichung zweiter Ordnung für die auf die Ebene abwickelbaren Flächen[1]).

Wie Gauß zu dem allgemeinen Begriff der Biegung krummer Flächen gelangt ist, wissen wir nicht. Es ist nicht wahrscheinlich, daß die bereits erwähnten Arbeiten über die Gestalt elastischer Flächen, an denen sich außer Poisson (1814) auch Lagrange (1811) und Sophie Germain (1815) beteiligt hatten[2]), auf ihn Einfluß gehabt haben. Dagegen sind ihm die schon früher veröffentlichten Abhandlungen von Euler und Monge bekannt gewesen. Die auf die Ebene „abwicklungsfähigen Flächen" hat er bereits in der Aufzeichnung vom Dezember 1822 (W. VIII, S. 382—384) nach der Seite des Krümmungsmaßes betrachtet, und in den Neuen allgemeinen Untersuchungen (art. 16) bemerkt er, aus dem Satze von der Erhaltung des Krümmungsmaßes folge der wichtige, aber bis jetzt nicht mit der wünschenswerten Evidenz abgeleitete Lehrsatz, daß bei jenen Flächen das Krümmungsmaß verschwindet, und damit sei erst bewiesen, daß sie der bekannten Differentialgleichung genügen (vgl. auch W. VIII, S. 437 und 444).

Wie wir sahen, hatte Gauß bei zwei besonderen Formen des Linienelementes das Krümmungsmaß durch den darin auftretenden Koeffizienten und dessen erste und zweite partielle Ableitungen ausdrücken können. Er wußte, daß das Krümmungsmaß bei den Biegungen erhalten bleibt, folglich mußte bei der allgemeinen Form des Linienelementes das Krümmungsmaß ebenfalls durch die darin auftretenden Koeffizienten und deren partielle Ableitungen darstellbar sein. Allein die Rechnungen, die dort zum Ziel geführt

---

1) G. Monge, Sur les développées, les rayons de courbure et les différents genres d'inflexions des courbes à double courbure, Mém. sav. étr. t. 10, Paris 1785, S. 511 (eingereicht 1771); Sur les propriétés de plusieurs genres de surfaces courbes, particulièrement sur celles des surfaces développables, avec une application à la théorie des ombres et pénombres, Mém. sav. étr. t. 9, Paris 1780, S. 382 (eingereicht 1775); vgl. auch J. Meusnier, Sur la courbure des surfaces, Mém. sav. étr. t. 10, Paris 1785, S. 509 (vorgelegt 1776).

2) J. L. Lagrange, Mécanique analytique, 2. éd., t. I, Paris 1812, Statique, sect. V, Chap. 3, § II: De l'équilibre d'un fil ou d'une surface flexible et au même temps extensible et contractible, Oeuvres, t. 11, S. 156; S. Germain, Recherches sur la théorie des surfaces élastiques, Paris 1820 (verfaßt 1815). Diese Untersuchungen waren veranlaßt durch Chladnis Entdeckungen über die Klangfiguren (Akustik, Leipzig 1802).

hatten, ließen sich nicht ohne Weiteres auf den Fall beliebiger bestimmender Größen übertragen; hierauf beziehen sich wohl die Klagen über die Unfruchtbarkeit langer Bemühungen in dem schon angeführten Briefe an Olbers vom 19. Februar 1826.

Im Sommer oder Herbst des Jahres kam Gauß auf den Gedanken, die auf die Ebene abwickelbaren Flächen heranzuziehen. Diese sind einerseits dadurch gekennzeichnet, daß das Krümmungsmaß verschwindet, andererseits aber dadurch, daß für sie

$$E\,dp^2 + 2\,F\,dp\,dq + G\,dq^2 = dt^2 + du^2,$$

das heißt gleich dem Produkt der beiden vollständigen Differentiale $d\lambda = dt + i\,du$ und $d\mu = dt - i\,du$ ist. Gauß verschaffte sich jetzt (W. VIII, S. 446, Handbuch 16 Bb, S. 114) die Bedingungsgleichung dafür, daß

$$E\,dp^2 + 2\,F\,dp\,dq + G\,dq^2 = d\lambda\,d\mu$$

wird. Es ergab sich als linke Seite ein Ausdruck, der aus den Koeffizienten E, F, G und deren ersten und zweiten partiellen Ableitungen nach p und q zusammengesetzt ist, und man durfte vermuten, daß er sich vom Krümmungsmaß nur um einen unwesentlichen Faktor unterscheidet.

Damit war Gauß in den Besitz des Zählers gelangt, der bei dem allgemeinen Ausdruck für das Krümmungsmaß auftritt, und nachdem er so das Ergebnis kannte, glückte es ihm auch, die unmittelbare Ableitung der Formel zu finden, die im art. 11 der Disq. gen. angegeben wird. In der Tat stehen die Rechnungen über das „Krümmungsmaß der Flächen bei allgemeinem Ausdruck derselben" im Handbuch 16 Bb, S. 128—131, also einige Seiten hinter der vorher erwähnten Aufzeichnung über die auf die Ebene abwickelbaren Flächen.

Von dem höheren Standpunkte aus betrachtet, den Gauß jetzt gewonnen hatte, verlor der ursprüngliche Beweis für die Erhaltung des Krümmungsmaßes in seinen Augen an Wert, ja noch mehr, der Satz von der Winkelsumme des geodätischen Dreiecks, der dafür den Ausgangspunkt gebildet hatte, bekam jetzt seine Stelle als eine Folgerung aus dem Hauptsatze von dem Krümmungsmaß, wenn man ihn nämlich auf geodätische Polarkoordinaten anwendet (Disq. gen. art. 20).

Die Verallgemeinerung des Legendreschen Theorems, zu der wir uns nunmehr wenden, hätte Gauß schon in die Neuen allgemeinen Untersuchungen aufnehmen können, denn es war ihm im

November 1825 gelungen, sie auf die elegante Gestalt zu bringen, die er in den artt. 25 bis 28 der Disq. gen. mitteilt, und er würde es sicherlich getan haben, wenn er nicht Ende 1826 die Arbeit an dem Entwurf abgebrochen hätte. Bei jener Verallgemeinerung wird die Lehre von den kürzesten Linien mit der Lehre vom Krümmungsmaß verbunden, auf die sich die beiden Hauptabschnitte jener Abhandlung beziehen, und so erscheint der Satz von der Zurückführung kleiner geodätischer Dreiecke auf ebene Dreiecke als die Krönung des Gebäudes der allgemeinen Lehre von den krummen Flächen. Zugleich aber bildet er in echt Gaußscher Art den Übergang zu den Anwendungen. Gauß hat sich hierüber in dem Briefe an Olbers vom 1. März 1827 folgendermaßen ausgesprochen: „Jene Abhandlung enthält zur unmittelbaren Benutzung in meinem künftigen Werk über die Messung eigentlich nur ein paar Sätze, nämlich:

1) was zur Berechnung des Exzesses der Summe der 3 Winkel über 180° in einem Dreiecke auf einer nicht sphärischen Fläche, wo die Seiten kürzeste Linien sind, erforderlich ist,

in diesem Fall der Exzeß ungleich verteilt werden muß, damit die Sinus den Seiten gegenüber proportional werden.

In praktischer Rücksicht ist dies zwar ganz unwichtig, weil in der Tat bei den größten Dreiecken, die sich auf der Erde messen lassen, die Ungleichheit in der Verteilung unmerklich wird; aber die Würde der Wissenschaft erfordert doch, daß man die Natur dieser Ungleichheit klar begreife. Und so kann man allerdings hier, wie öfters, ausrufen: Tantae molis erat! um dahin zu gelangen. — Wichtiger aber als die Auflösung dieser 2 Aufgaben ist es, daß die Abhandlung mehrere allgemeine Prinzipien begründet, aus denen künftig, in einer speziellern Untersuchung, die Auflösung von einer Menge wichtiger Aufgaben hergeleitet werden kann" (W. IX, S. 378).

32.

Weitere Untersuchungen über krumme Flächen.

In der Selbstanzeige der Disq. gen. sagt Gauß, der Zweck der Abhandlung sei, neue Gesichtspunkte für die Lehre von den krummen Flächen zu eröffnen und einen Teil der neuen Wahrheiten, die dadurch zugänglich werden, zu entwickeln (W. IV, S. 341). Daß dort nur ein Teil der Ergebnisse, zu denen er gelangt war, dargestellt ist, wird auch in den Briefen an Bessel, Olbers und Schumacher ausgesprochen, die in der vorhergehenden Nummer angeführt sind, ja es wird einmal geradezu eine zweite Abhandlung über die krummen Flächen in Aussicht gestellt (Brief an Olbers vom 1. März 1827, W. IX, S. 377).

Auch in den Disq. gen. finden sich Andeutungen über weitergehende Untersuchungen. So werden im art. 6 Erörterungen über die allgemeinste Auffassung des Inhalts von Figuren auf eine andere Gelegenheit verschoben. Ferner unterscheidet Gauß im art. 13 zwischen den Eigenschaften einer krummen Fläche, die von ihrer gerade angenommenen Form abhängen, und jenen, die erhalten bleiben, in welche Form die Fläche auch gebogen wird. Hierfür nennt er das Krümmungsmaß, die Lehre von den kürzesten Linien und einiges andere, dessen Behandlung er sich vorbehalte.

Zu den Gegenständen, die im art. 13 gemeint sind, gehört vor allem die „Seitenkrümmung" von Kurven auf krummen Flächen, die Gauß schon in der Zeit zwischen 1822 und 1825 eingehend untersucht hatte (W. VIII, S. 386—395). Eine solche Kurve besitzt zunächst eine absolute Krümmung, die durch den reziproken Wert des auf die übliche Art erklärten Krümmungshalbmessers gegeben wird. Wenn man aber den Krümmungshalbmesser in zwei Komponenten, nach der Flächennormale und senkrecht dazu, zerlegt, so werden in deren reziproken Werten die Maße der Normalkrümmung und der Seitenkrümmung gewonnen. Die kürzesten Linien auf der Fläche haben die Eigenschaft, daß ihr Krümmungshalbmesser in die zugehörige Flächennormale fällt, und ihnen kommt daher die Seitenkrümmung Null zu. Sie entsprechen auch in dieser Hinsicht den geraden Linien der Ebene, und in einer Geometrie der auf einer krummen Fläche liegenden Figuren, bei der an die Stelle der Geraden die Kürzesten treten, ist bei einer Kurve die relative Krümmung, das heißt das Verhältnis des geodätischen Kontingenzwinkels zum Linienelement der Kurve, gleich der Seitenkrümmung zu setzen. Bald nach dem Erscheinen der Disq. gen. hat übrigens Minding ähnliche Auffassungen veröffentlicht[1].

Im Laufe der Untersuchung überträgt Gauß den Namen der Seitenkrümmung auf das über die Kurve erstreckte Integral der ursprünglichen Seitenkrümmung. Er hatte dabei wohl die Verallgemeinerung des Satzes von der Winkelsumme des geodätischen Dreiecks im Auge, die später von Bonnet angegeben worden ist[2].

---

1) F. Minding, Ueber die Kurven kürzesten Perimeters auf krummen Flächen, Crelles Journal, Bd. 5, 1830, S. 297.

2) O. Bonnet, Mémoire sur la théorie générale des surfaces, Journal de l'école polytechnique, t. 19, cah. 32, 1848, S. 131.

Hiernach ist die Gesamtkrümmung eines beliebigen auf einer krummen Fläche liegenden Dreiecks gleich dem Unterschiede der Winkelsumme gegen zwei Rechte, vermindert um das über die Begrenzung erstreckte Integral der Seitenkrümmung (im ursprünglichen Sinne des Wortes).

Die Erklärung der kürzesten Linien als der Kurven von der Seitenkrümmung Null ist auch insofern wichtig, als die Rechnungen, die Gauß daran anschließt, einen Einblick in die Kunstgriffe gewähren, die ihn zu den eleganten Formeln im art. 22 der Disq. gen. geführt haben.

Ob Gauß die Geometrie der Figuren auf einer krummen Fläche noch weiter ausgebaut, ob er im besonderen den Zusammenhang zwischen der Geometrie auf den Flächen konstanten Krümmungsmaßes und der nichteuklidischen Geometrie der Ebene erkannt hat, ist nicht mit Sicherheit zu entscheiden. Nahe genug mußte er für jemand liegen, der schon 1794 wußte, daß dort das Verhältnis des Dreiecksinhaltes zu der Abweichung der Winkelsumme von zwei Rechten eine Konstante ist (W. VIII, S. 266). Auch die Bemerkungen, daß die Untersuchungen über die krummen Flächen so vielfach in andere Teile der Mathematik eingriffen (Brief an Bessel vom 20. November 1826, W. IX, S. 362), daß sie tief in die Metaphysik der Raumlehre eingriffen (Brief an Hansen vom 11. Dezember 1825, Gauß-Archiv) in Verbindung mit der Tatsache, daß Gauß bald nach Vollendung der Disq. gen. die Untersuchungen über die Grundlagen der Geometrie wieder aufgenommen hat (Brief an Bessel vom 27. Januar 1829, W. VIII, S. 200), lassen sich zu Gunsten einer solchen Annahme geltend machen. Ferner wird in einer Aufzeichnung aus dem Jahre 1846 (W. VIII, S. 257) die einer nichteuklidischen Geometrie eigentümliche absolute Konstante mit k bezeichnet, wo k die Quadratwurzel aus dem Krümmungsmaß bedeuten würde. Bemerkenswert ist auch eine Wendung in einem aus demselben Jahre 1846 stammenden Briefe an Gerling: „Der Satz, den Ihnen Hr. Schweikart erwähnt hat, daß in jeder Geometrie die Summe aller äußern Polygonwinkel von 360° um eine Größe verschieden ist (nämlich größer als 360° in der Astralgeometrie, wie Schw. sie aufgefaßt hat), welche dem Flächeninhalt proportional ist, ist der erste, gleichsam an der Schwelle liegende Satz der Theorie, den ich schon im Jahr 1794 als notwendig erkannte" (Brief vom 2. Oktober 1846, W. VIII, S. 266); Gauß unterscheidet also die Auffassung Schweikarts von der seinigen, bei der in jedem Falle die Winkelsumme des Dreiecks von 180° verschieden ist, sodaß bei ihm neben die

Geometrie, bei der die Winkelsumme kleiner als 180⁰ ist, noch
eine zweite tritt, bei der die Winkelsumme größer als 180⁰ wird.
Wenn man beachtet, wie vorsichtig Gauß bei solchen Andeutungen
zu Werk ging (vgl. S. 31), so wird man auch auf diese Stelle
Gewicht zu legen haben.

Schließlich verdient erwähnt zu werden, daß in einer spätestens
1827 niedergeschriebenen Aufzeichnung die durch Drehung der
Traktrix entstehende krumme Fläche negativen konstanten Krümmungsmaßes (Pseudosphäre) als das „Gegenstück der Kugel" bezeichnet wird (W. VIII, S. 265). Gauß erwähnt die Pseudosphäre
im Zusammenhang mit der Verbiegung von Drehflächen in Drehflächen. Aber noch mehr, die von ihm aufgestellten Formeln
führen zu dem Satz, daß bei der Pseudosphäre (und nur bei ihr)
alle diese Drehflächen einander kongruent sind, und hierin liegt,
daß man ein geodätisches Dreieck, unter Bewahrung dieser Eigenschaft, auf der Pseudosphäre ebenso verschieben kann wie ein
sphärisches Dreieck auf der Kugel. Hat Gauß deshalb den Namen
„Gegenstück der Kugel" gewählt? Jedenfalls hat er den krummen
Flächen von negativem konstanten Krümmungsmaß seine Aufmerksamkeit zugewendet. In den schönen Untersuchungen, die
Minding, angeregt durch die Disq. gen., angestellt hat, sind auch
diese Ergebnisse über die Biegung der Drehflächen und über die
Pseudosphäre enthalten [1]).

Auf die Biegung krummer Flächen bezieht sich auch eine
wahrscheinlich Ende 1826 niedergeschriebene kurze Bemerkung,
in der Gauß die Beziehung, die bei zwei Biegungsflächen zwischen
den sphärischen Abbildungen mittels paralleler Normalen besteht,
zu einem Ansatz für die Lösung des allgemeinen Problems der Abwicklung krummer Flächen auf einander benutzt, der erst im Jahre
1900 aus dem Nachlaß im achten Bande der Werke (S. 447—448)
veröffentlicht worden ist. Es wäre zu wünschen, daß dieser Gedanke
von Gauß, der ihm eigentümlich ist, vollständig durchgeführt würde.

Zum Schluß sei noch berichtet, daß die philosophische Fakul-
tät der Universität Göttingen im Jahre 1830 auf Veranlassung von
Gauß die Preisfrage stellte: Determinetur inter lineas duo puncta
jungentes ea, quae circa datum axem revoluta gignat superficiem
minimam. Sie wurde von seinem Landsmann, Schüler und späteren

---

1) F. Minding, Ueber die Biegung gewisser Flächen, Crelles Journal, Bd. 18,
1838, S. 367; Wie sich entscheiden läßt, ob zwei gegebene krumme Flächen auf
einander abwickelbar seien oder nicht, ebenda, Bd. 19, 1839, S. 378; Über die
kürzesten Linien krummer Flächen, ebenda, Bd. 20, 1840, S. 324.

Mitarbeiter auf der Sternwarte, Goldschmidt, beantwortet, dem auch der Preis zugefallen ist[1]).

33.
Bedeutung und Wirkung der Disquisitiones generales.

In den Disquisitiones generales wird nur ein Geometer mit Namen erwähnt: Euler. Fast alles, was dieser über die Krümmung der Oberfläche gelehrt habe, sagt Gauß im art. 8 der Disq., sei in den von ihm gegebenen Sätzen I bis IV enthalten; augenscheinlich sind Eulers 1763 verfaßte Recherches sur la courbure des surfaces[2]) gemeint. Die Untersuchungen von Gauß berühren sich aber noch in einer Reihe anderer Punkte mit denen Eulers, und wenn es auch unentschieden bleiben muß, ob Gauß die betreffenden Abhandlungen gekannt hat oder nicht, so scheint es doch um so mehr angebracht, die Berührungspunkte festzustellen, als dadurch die Fortschritte, die wir Gauß verdanken, in ein helleres Licht treten.

Es möge zunächst an die in den vorgehenden Nummern erwähnten Arbeiten Eulers zur konformen Abbildung, über die kürzesten Linien und über die Abwicklung krummer Flächen auf die Ebene erinnert werden. Für die kürzesten Linien kommen außer der grundlegenden Abhandlung vom Jahre 1729 noch zwei Veröffentlichungen in Betracht. In der einen vom Jahre 1755 hatte Euler die Anfänge einer sphäroidischen Trigonometrie entwickelt, einer Lehre von den Dreiecken, deren Seiten kürzeste Linien eines Drehellipsoides sind; auch hatte er vorgeschlagen, daß man solche Dreiecke in der Geodäsie benutzen solle[3]). In der zweiten, erst 1806 gedruckten Abhandlung, die am 25. Januar 1779 der Petersburger Akademie vorgelegt worden war, kommt er auf die allgemeine Lehre von den kürzesten Linien zurück und stellt deren Differentialgleichungen für den Fall auf, daß die krumme Fläche durch irgend eine Gleichung zwischen den kartesischen Koordinaten gegeben wird, während man früher immer vorausgesetzt hatte, daß die Gleichung nach einer Koordinate aufgelöst sei.

---

1) B. Goldschmidt, Determinatio superficiei minimae rotatione curvae data duo puncta jungentis circa datum axem ortae, Göttingen 1831.

2) Histoire de l'Acad., année 1760, Berlin 1767, Mémoires S. 119.

3) L. Euler, Éléments de la trigonométrie sphéroidique tirés de la méthode des plus grands et plus petits, Histoire de l'Acad., année 1753, Berlin 1755, Mémoires S. 258.

Die Einsicht, daß die drei kartesischen Koordinaten gleichberechtigt sind, kommt bei Euler aber auch dadurch zum Ausdruck, daß er bei den Untersuchungen über die Abwicklung krummer Flächen die drei Koordinaten sogleich als Funktionen zweier Hilfsgrößen ansetzt. Wie Kommerell mit Recht bemerkt[1]), liegt hierin der erste Schritt zu der Auffassung der krummen Flächen als selbständiger Gebilde, die erst Gauß mit vollem Bewußtsein ihrer Bedeutung durchgeführt hat. Ebenso hat er, geleitet von dem allgemeinen Begriff der Abbildung, jene Parameterdarstellung zur Grundlage seiner allgemeinen Untersuchungen über die krummen Flächen gemacht.

Endlich ist eine 1775 verfaßte, 1786 gedruckte Arbeit über Raumkurven[2]) zu erwähnen, in der Euler die Eigenschaften solcher Kurven in der Umgebung eines Punktes untersucht, indem er durch den Mittelpunkt der Einheitskugel Parallelen zu den Tangenten zieht, ganz ähnlich wie Gauß im art. 2 der Neuen allgemeinen Untersuchungen bei ebenen Kurven den Einheitskreis verwendet. Bei Gauß findet sich, wie schon erwähnt wurde, die Beziehung der Richtungen im Raume auf die Punkte der Einheitskugel schon in einer auf das Ende des Jahres 1799 zu setzenden Notiz (Scheda Ac, Varia, begonnen Nov. 1799, S. 3). In der Selbstanzeige der Disq. gen. sagt Gauß: „Dies Verfahren kommt im Grunde mit demjenigen überein, welches in der Astronomie in stetem Gebrauch ist, wo man alle Richtungen auf eine fingierte Himmelskugel von unendlich großem Halbmesser bezieht" (W. IV, S. 342); man darf daher annehmen, daß der Gedanke der Abbildung auf die Einheitskugel (Himmelskugel) der Astronomie seinen Ursprung verdankt.

Die Abbildung einer krummen Fläche auf die Einheitskugel mittels paralleler Normalen ist schon vor Gauß betrachtet und mit der Lehre von den Doppelintegralen in Zusammenhang gebracht worden, ganz ähnlich wie es dieser selbst in einer Notiz über die Oberfläche des dreiachsigen Ellipsoides tut, die wohl bald nach 1813 verfaßt ist (W. VIII, S. 367), und zwar von O. Rodrigues in einer 1815 veröffentlichten Abhandlung[3]). Dieser hat auch schon

---

1) M. Cantor, Vorlesungen über Geschichte der Mathematik, Bd. IV, Leipzig 1908, Abschnitt XXIV: Kommerell, Analytische Geometrie des Raumes und der Ebene, S. 529.

2) L. Euler, Methodus facilis omnia symptomata linearum curvarum non in eodem plano sitarum investigandi, Acta Petrop., t. 6 pro anno 1782: I, 1786, S. 19, 37.

3) O. Rodrigues, Sur quelques propriétés des intégrales doubles et des rayons de courbure des surfaces, Correspondance sur l'école polytechnique, t. 2, 1815

erkannt und genau auf dieselbe Weise wie Gauß im art. 7 der Disq. gen. bewiesen, daß das Verhältnis der Abbildung eines Flächenelementes auf die Einheitskugel zu dem Flächenelement gleich dem Produkte der zugehörigen Hauptkrümmungen ist. Er folgert daraus, daß das Doppelintegral, das Gauß als Gesamtkrümmung eines Flächenstückes bezeichnet hat, den Inhalt der Area auf der Kugelfläche angibt, die durch jene Abbildung erhalten wird, und da einer geschlossenen Fläche die ganze, einfach oder mehrfach bedeckte Oberfläche der Kugel entspricht, so ergibt sich der Wert des zugehörigen Doppelintegrales gleich einem positiven oder negativen Vielfachen von 2π.

Auf einen zweiten Geometer wird in den Neuen allgemeinen Untersuchungen und in den Disq. gen. hingedeutet. Auf Monge bezieht sich nämlich die Bemerkung, daß die partielle Differentialgleichung zweiter Ordnung für die auf die Ebene abwickelbaren Flächen „bisher nicht mit der erforderlichen Strenge bewiesen war" (W. IV, S. 344; vgl. W. IV, S. 237 und VIII, S. 437). Daß es sich um Monge handelt, ergibt sich aus dem Briefe an Olbers vom Juli 1828 (W. VIII, S. 444)[1]); Gauß sagt hier mit Recht, daß bei Monge das Vorhandensein gerader Linien, nach denen die Fläche gebrochen wird, erschlichen sei. Im übrigen haben die Untersuchungen des französischen Geometers, die mehr die Untersuchung besonderer Flächenklassen betreffen, auf Gauß keinen Einfluß gehabt, und dasselbe gilt auch für dessen darstellende Geometrie, die Gauß 1813 mit anerkennenden Worten besprochen hat (W. IV, S. 359).

Wenn man noch die Anregung hinzunimmt, die Gauß durch das Legendresche Theorem über die Zurückführung der kleinen sphärischen Dreiecke auf ebene Dreiecke erfahren hat, so ist alles erschöpft, was sich aus der Zeit vor 1827 mit seinen Forschungen über die allgemeine Lehre von den krummen Flächen in Zusammenhang bringen läßt, teils auf deren Gang einwirkend, teils nur im Strom der Entwicklung auftauchend und wieder untergehend.

Wie groß der Eindruck war, den die Disq. gen. sogleich bei ihrem Erscheinen machten, geht aus den Briefen von Bessel und Schumacher hervor. Mit den daran anknüpfenden, bedeutenden

---

S. 162; abgedruckt im Bulletin de la société philomatique, année 1815, S. 34; vgl. P. Stäckel, Bemerkungen zur Geschichte der geodätischen Linien, Leipziger Berichte 1893, S. 456.

1) Der darin erwähnte, „ungezogene Ausfall" von Fayolle steht im Philosophical Magazine, new series, vol. 4, London 1828, S. 436; er ist abgedruckt im Briefwechsel G.-O., 2, S. 508.

Arbeiten Mindings beginnt eine lange Reihe von Arbeiten, deren
Ausgangspunkt die Untersuchungen von Gauß bilden. Es muß
jedoch hier genügen, einige noch nicht erwähnte Abhandlungen
herauszugreifen, die in besonders engen Beziehungen zu den
Disq. gen. stehen, und die Wirkung der Grundgedanken auf die
weitere Entwicklung in aller Kürze zu schildern; dabei soll die
Geodäsie ganz aus dem Spiele bleiben und für sie auf den schon
erwähnten Aufsatz von Galle verwiesen werden.

Schon Euler hatte in seiner Abhandlung über die Krümmung
der Flächen nach einem passenden Maße (juste mesure) für die
Krümmung solcher Gebilde gefragt, einem Maße, das sich der
Krümmung der Kurven an die Seite stellen lasse, und unter Hinweis auf die Sattelflächen erklärt, daß es auf diese Frage keine
einfache Antwort gebe; man müsse vielmehr die Gesamtheit der
Krümmungen in Betracht ziehen, die den zu einem Punkte gehörigen Normalschnitten zukommen[1]). Später war bei Untersuchungen über biegsame Flächen, besonders über die Gestalt von Flüssig-
keitshäutchen, das arithmetische Mittel der beiden Hauptkrümmungen aufgetreten, das schon in der von Lagrange (1765) begründeten Lehre von den Minimalflächen eine Rolle spielte. Sophie
Germain hat dafür 1831 den Ausdruck mittlere Krümmung vorgeschlagen[2]); in einem Briefe an Gauß vom 28. März 1829 bemerkt sie, dieser verfahre geometrisch, sie selbst mechanisch, denn
die elastische Kraft, welche die Fläche in ihre ursprüngliche
Gestalt zurücktreibt, sei der mittleren Krümmung proportional
(Brief im Gauß-Archiv). Nach Sturm[3]) läßt sich die mittlere
Krümmung auf eine ähnliche Art wie das Gaußsche Krümmungsmaß erklären; beschreibt man nämlich um einen Flächenpunkt eine
Kugel und bildet die in die Fläche eingeschnittene Kurve mittels

---

1) Diese richtige Einsicht hat Euler nicht davor bewahrt, bald darauf, 1769,
in der Dioptrik (Lib. I, § 4, Opera omnia, ser. 3, vol. 3, S. 8) zu behaupten, ein
Flächenelement lasse sich stets als sphärisch ansehen, und damit in einen Fehler
zurückzufallen, den schon Leibniz begangen hatte (Brief an Joh. Bernoulli vom
29. Juli 1698, Commercium epistolicum, Lausanne und Genf 1745, t. 1, S. 387,
Leibnizens Mathematische Schriften, herausgegeben von C. J. Gerhardt, 1. Abt.,
Bd. 3, Halle 1855, S. 526). Auch d'Alembert hat sich dieses Fehlers schuldig
gemacht (Artikel Surfaces courbes in der Encyclopédie méthodique, Abteilung
Mathematik, Bd. II, Paris 1784, S. 464).

2) S. Germain, Mémoire sur la courbure des surfaces, Crelles Journal. Bd. 7,
1831, S. 1.

3) R. Sturm, Ein Analogon zu Gauß' Satz von der Krümmung der Flächen,
Math. Annalen, Bd. 21, 1883, S. 379.

paralleler Normalen auf die Einheitskugel ab, so ist der Grenzwert
des Verhältnisses der Umfänge beider Kurven gleich der mittleren
Krümmung. Später hat Casorati[1]) das Wort „Krümmung" beanstandet, weil man auch den Flächen vom Gaußschen Krümmungsmaße Null eine gewisse Krummheit zuschreiben müsse, und als ein
der Anschauung besser entsprechendes Maß das arithmetische Mittel
der Quadrate der Hauptkrümmungen vorgeschlagen. „Demgegenüber ist zu bemerken, daß es für eine Fläche überhaupt keinen Ausdruck geben kann, der dem für die Krümmung einer Kurve völlig
entsprechend und zugleich erschöpfend wäre. Es lassen sich vielmehr von verschiedenen Gesichtspunkten aus für die Flächenkrümmung mehr oder minder kennzeichnende Ausdrücke aufstellen,
die ebenfalls als Grenzwerte anzusehen sind"[2]). Jedenfalls hat sich
unter ihnen der Gaußsche Ausdruck durch die Fruchtbarkeit seiner
Anwendungen ausgezeichnet.

Im Laufe der Zeit hat sich immer klarer die Wichtigkeit
der Formeln im art. 11 der Disq. gen. herausgestellt, vermöge deren
die zweiten Ableitungen der kartesischen Koordinaten eines Punktes
der Fläche als lineare homogene Funktionen der ersten Ableitungen
und der Richtungscosinus der Normalen dargestellt werden. Weingarten hat gezeigt, wie man aus ihnen fast unmittelbar die bei
dem Biegungsproblem auftretende partielle Differentialgleichung
zweiter Ordnung für eine der kartesischen Koordinaten ableiten
kann[3]). Auf dem von Gauß gebahnten Wege weitergehend, haben
Mainardi[4]) und Codazzi[5]) der Gaußschen Gleichung zwischen den
Fundamentalgrößen erster und zweiter Ordnung zwei Gleichungen
hinzugefügt, in denen auch noch die ersten partiellen Ableitungen
der Fundamentalgrößen zweiter Ordnung auftreten, und Bonnet[3])

1) F. Casorati, Mesure de la courbure des surfaces suivant l'idée commune,
Acta math. 14, 1890, S. 95; vgl. auch R. v. Lilienthal, Zur Theorie des Krümmungsmaßes der Flächen, ebenda, 16, 1892, S. 143.

2) R. v. Lilienthal, Die auf einer Fläche gezogenen Kurven, Encyklopädie
der mathematischen Wissenschaften, Bd. III, Teil 3, S. 172 (1902).

3) J. Weingarten, Ueber die Theorie der auf einander abwickelbaren Oberflächen, Festschrift der Technischen Hochschule zu Berlin, 1884.

4) Mainardi, Su la teoria generale delle superficie, Giornale dell'Istituto
lombardo, t. 9, 1857, S. 394.

5) D. Codazzi, Sulle coordinate curvilinee d'una superficie e dello spazio, Ann.
di mat. (2), 1, 1867, S. 293; 2, 1868, S. 101, 269; Mémoire relatif à l'application
des surfaces les unes sur les autres, Mém. prés. par divers sav. 2. série, t. 27,
Paris 1883 (vorgelegt 1859).

6) O. Bonnet, Mémoire sur la théorie des surfaces applicables sur une surface
donnée, Journal de l'école polytechnique, t. 25, cah. 42, 1867, S. 31.

hat bewiesen, daß umgekehrt durch die Angabe von Fundamentalgrößen erster und zweiter Ordnung, die den drei Fundamental-
gleichungen genügen, die Fläche, abgesehen von ihrer Lage im
Raume und einer Spiegelung, vollständig bestimmt wird.

Schließlich mögen noch Untersuchungen erwähnt werden, die
bei Lebzeiten von Gauß angestellt worden sind und eine Verallgemeinerung seines Lehrsatzes über die Winkelsumme eines geodätischen Dreiecks bezweckten. Jacobi[1]) hat im Jahre 1836 den
Satz auf Dreiecke ausgedehnt, die von beliebigen Raumkurven gebildet werden, wobei nur vorausgesetzt werden muß, daß in den
Ecken die beiden sich schneidenden Kurven dieselbe Hauptnormale
haben; die Abbildung auf die Einheitskugel erfolgt mittels der
Hauptnormalen der Kurven, die ja bei den geodätischen Linien
mit den Normalen der Fläche zusammenfallen. Er hat dafür
einen von dem Gaußschen Lehrsatze unabhängigen, einwandfreien
Beweis gegeben. Bedenklich war jedoch eine Bemerkung, die er
dem Beweis vorausschickte, daß nämlich die Verallgemeinerung
des Gaußschen Lehrsatzes sich ohne Mühe (sine negotio) ergebe,
wenn man beachte, daß jede Raumkurve als geodätische Linie einer
gewissen Fläche angesehen werden dürfe. Dies stimmt zwar für
eine einzelne Raumkurve, allein es ist, wie Clausen[2]) zeigte, im
Allgemeinen bereits unmöglich, eine krumme Fläche zu bestimmen,
die zwei sich in einem Punkte schneidende und dort dieselbe
Hauptnormale besitzende Raumkurven als geodätische Linien in
sich faßt[3]). In seiner Erwiderung[4]) gibt Jacobi, „um einige un-
begründeten Zweifel über die Richtigkeit des Theorems zu beseitigen“, einen vereinfachten Beweis und bemerkt nebenbei, aus
den Darlegungen von Clausen folge, daß sein Theorem allgemeiner
als das Gaußsche sei, womit er stillschweigend jene Bemerkung
sine negotio) preisgibt.

Wir wenden uns nunmehr zu den Wirkungen, welche die
Disquisitiones generales circa superficies curvas vom Jahre 1828

---

1) C. G. J. Jacobi, Demonstratio et amplificatio nova theorematis Gaussiani
de curvatura integra trianguli in data superficie e lineis brevissimis formati,
Crelles Journal, Bd. 16, 1837, S. 344; Werke, Bd. 7, S. 26.

2) Th. Clausen, Berichtigung eines von Jacobi aufgestellten Theorems, Astron.
Nachrichten, Bd. 20, Nr. 457 vom 29. Sept. 1842.

3) Vgl. auch die Briefe von Schumacher an Gauß vom 1. Sept., 9. Nov. und
4. Dez. 1842 und dessen Antwort vom 3. Sept. 1842, Br. G.-Sch. IV, S. 82, 92,
101, 83.

4) C. G. J. Jacobi, Ueber einige merkwürdige Curventheoreme, Astronom.
Nachrichten, Bd. 20, Nr. 463 vom 15. Dez. 1842; Werke Bd. 7, S. 34.

im Lauf des neunzehnten Jahrhunderts ausgelöst haben. Wenn man die gesamte Entwicklung der mathematischen Wissenschaften während dieses Zeitraums ins Auge faßt, so sind es zwei Punkte, in denen die Untersuchungen von Gauß zur Flächentheorie entscheidend eingegriffen haben. Erstens ist Gauß, während man bis dahin in der Geometrie nur endliche Gruppen von Transformationen betrachtet hatte, dazu übergegangen, eine unendliche Gruppe (im Sinne von S. Lie) zu Grunde zu legen, zweitens hat er die Lehre von den krummen Flächen als die Geometrie einer zweifach ausgedehnten Mannigfaltigkeit in einer Weise behandelt, die der allgemeinen Lehre von den mehrfach ausgedehnten Mannigfaltigkeiten den Weg bahnte.

F. Klein[1]) hat das allgemeine Problem der geometrischen Forschung mit den Worten formuliert: „Es ist eine Mannigfaltigkeit und in ihr eine Transformationsgruppe gegeben. Man entwickle die auf die Gruppe bezügliche Invariantentheorie." Nachdem die Gruppe der Bewegungen und Spiegelungen den Ausgangspunkt der geometrischen Forschung gebildet hatte, war man zu den Gruppen linearer Transformationen übergegangen, die der projektiven Geometrie eigentümlich sind, und hatte auch andere endliche Gruppen, wie die der Transformationen durch reziproke Radien, herangezogen. Ein Ansatz zur Betrachtung unendlicher Gruppen war allerdings schon in der Geometria Situs gemacht worden, aber die Fragestellung war hier zu allgemein, als daß man Anhaltspunkte für weitere Untersuchnngen gewinnen konnte; ergeben sich doch als Invarianten lediglich ganze Zahlen. Dagegen haben die Transformationen der binären quadratischen Differentialformen zu einer reichgegliederten Invariantentheorie geführt. Das Gaußsche Krümmungsmaß ist das erste Glied in der Kette solcher Invarianten. Ihm gesellt sich sogleich, als Beispiel kovarianter Bildungen, die Seitenkrümmung hinzu. Auch findet sich im art. 21 der Disq. gen. bei der Lehre von den geodätischen Linien schon der Differentialparameter erster Ordnung. Für die Weiterführung nach der Seite der Flächentheorie ist besonders Minding zu nennen[2]). Untersuchungen aus der theoretischen Physik veranlaßten Lamé[3]), bei krummlinigen Koordinaten

---

1) F. Klein, Vergleichende Betrachtungen über neuere geometrische Forschungen, Programm, Erlangen 1872, Math. Annalen, Bd. 43, 1893, S. 67.

2) F. Minding, Wie sich entscheiden läßt, ob zwei gegebene krumme Flächen auf einander abwickelbar seien oder nicht, Crelles Journal, Bd. 19, 1839, S. 370.

3) G. Lamé, Leçons sur les fonctions transcendantes et sur les surface isothermes, Paris 1857.

für Punkte des Euklidischen Raumes die Differentialparameter
erster und zweiter Ordnung aufzustellen, und nachdem im Jahre
1867 Riemanns Habilitationsvortrag vom 10. Juni 1854: Über die
Hypothesen, welche der Geometrie zu Grunde liegen, veröffentlicht worden war, hat Beltrami[1]) die allgemeine Lehre von den
Differentialparametern quadratischer Differentialformen mit beliebig
vielen Veränderlichen entwickelt. Gleichzeitig damit sind die
Untersuchungen von Christoffel[2]) und Lipschitz[3]) über die Transformation solcher Differentialformen. Damit wurde der Forschung
ein Feld erschlossen, das noch heute nicht abgeerntet ist.

Mit der Verallgemeinerung auf beliebig viele Veränderliche
kommen wir zu dem Gesichtspunkt der mehrfach ausgedehnten
Mannigfaltigkeiten.

Für Gauß hatten die mehrdimensionalen Räume eine metaphysische Bedeutung. Es handelt sich hier um Spekulationen, die
im 18. Jahrhundert weit verbreitet waren und die auch ins 19.
hinüberreichen[4]). „Gauß, nach seiner öfters ausgesprochenen innersten Ansicht, betrachtete die drei Dimensionen des Raumes als
eine spezifische Eigentümlichkeit der menschlichen Seele; Leute,
welche dieses nicht einsehen könnten, bezeichnete er einmal in seiner
humoristischen Laune mit dem Namen Böoter. Wir können uns,
sagte er, etwa in Wesen hineindenken, die sich nur zweier Dimensionen bewußt sind; höher über uns stehende würden vielleicht in
ähnlicher Weise auf uns herabblicken, und er habe, fuhr er scherzend
fort, gewisse Probleme hier bei Seite gelegt, die er in einem höhern
Zustande später geometrisch zu behandeln gedächte“ (Sartorius,
S. 81). Solche Gedanken reichen wohl bis in die Jugend zurück,
denn in dem Briefe an Graßmann vom 14. Dezember 1844 (W. X 1,
S. 436) sagt Gauß, dessen Tendenzen in der Ausdehnungslehre
begegneten teilweise den Wegen, auf denen er selbst nun seit

----

1) E. Beltrami, Sulla teorica generale dei parametri differenziali, Memorie
dell'Acc. di Bologna, zweite Reihe, Bd. 8, 1869, S. 551, Opere matematiche II, S. 74.

2) E. B. Christoffel, Ueber die Transformation der homogenen Differentialausdrücke zweiten Grades, Journal f. r. u. a. Math. Bd. 70, 1869, S. 46; Gesammelte mathematische Abhandlungen, Bd. I, S. 352.

3) R. Lipschitz, Untersuchungen in Betreff der ganzen homogenen Funktionen
von n Differentialen, Journal f. r. u. a. Mathematik, Bd. 70, 1869, S. 71, Bd. 71,
1870, S. 274, 288, Bd. 72, 1870, S. 1; Bemerkungen zu dem Prinzip des kleinsten
Zwanges, ebenda, Bd. 82, 1877, S. 316 (im Anschluß an Riemanns 1876 veröffentlichte Pariser Preisarbeit vom Jahre 1861).

4) Man vgl. etwa F. Zöllner, Naturwissenschaft und christliche Offenbarung,
Leipzig 1881, sowie die zahlreichen Veröffentlichungen von H. Scheffler in Braunschweig.

fast einem halben Jahrhundert gewandelt sei; dabei beruft er sich auf die Selbstanzeige vom Jahre 1831, an deren Schluß von „Mannigfaltigkeiten von mehr als zwei Dimensionen" gesprochen wird (W. II, S. 178). Auch zeigt der Brief Wachters an Gauß vom 12. Dezember 1816 (W. X 1, S. 481), daß bei dessen Besuch im April 1816 von Räumen mit beliebig vielen Abmessungen die Rede gewesen war.

Die Äußerung von Gauß, über die Sartorius berichtet hat, fällt in die Zeit zwischen 1847 und 1855. Daß Gauß sich gerade in den letzten Jahren seines Lebens eingehend mit mehrfach ausgedehnten Mannigfaltigkeiten beschäftigt hat, läßt auch eine Stelle in den Beiträgen zur Theorie der algebraischen Gleichungen vom Jahre 1849 erkennen: „Im Grunde gehört der eigentliche Inhalt der ganzen Argumentation [beim Beweise der Wurzelexistenz] einem höhern, von Räumlichem unabhängigen Gebiete der allgemeinen abstrakten Größenlehre an, dessen Gegentand die nach der Stetigkeit zusammenhängenden Größenkombinationen sind, einem Gebiet, welches zur Zeit noch wenig angebauet ist und in welchem man sich auch nicht bewegen kann ohne eine von räumlichen Bildern entlehnte Sprache" (W. III, S. 79). In einer bald darauf, im Wintersemester 1850/51, gehaltenen Vorlesung über die Methode der kleinsten Quadrate hat Gauß Gelegenheit genommen, seinen Zuhörern einige Gedanken über solche „Mannigfaltigkeiten von mehreren Dimensionen", allerdings unter Beschränkung auf die verallgemeinerte Maßbestimmung des Euklidischen Raumes, mitzuteilen (W. X 1, S. 473—481)[1].

Die von Gauß begehrte Lehre von den nach der Stetigkeit zusammenhängenden Größenkombinationen hat bekanntlich Riemann in seinem Habilitationsvortrage vom 10. Juni 1854 begründet; er hat sich dabei für die Konstruktion des Begriffes einer n-fach ausgedehnten Mannigfaltigkeit ausdrücklich auf die vorher genannten Veröffentlichungen von Gauß (Selbstanzeige vom Jahre 1831, Beiträge zur Theorie der algebraischen Gleichungen vom Jahre 1849) berufen und bei der weiteren Untersuchung über die in den Mannigfaltigkeiten waltenden Maßverhältnisse als Grundlage die Disquisitiones generales circa superficies curvas bezeichnet. Durch Riemann haben also die Gedanken, deren Keime sich in der Gaußschen Abhandlung finden, ihre volle Entfaltung erfahren. In den folgenden Jahrzehnten hat sich deren Bedeutung in immer höherem Maße herausgestellt, nicht allein für die Mathematik,

---

1) Vgl. P. Stäckel, Eine von Gauß gestellte Aufgabe des Minimums, Heidelberger Berichte, Jahrgang 1917, 11. Abhandlung.

sondern auch für die analytische Mechanik und schließlich für die
Grundlagen der theoretischen Physik.

34.
Bibliographischer Anhang.

Die von Gauß Ende 1822 an die Kopenhagener Societät der
Wissenschaften eingesandte Abhandlung über die Abbildung krummer Flächen hatte zwar den Preis erhalten, allein die Gesellschaft
überließ es den Preisträgern, für die Veröffentlichung zu sorgen,
und so ist die Preisschrift erst 1825 im dritten und letzten Heft
der von Schumacher als Ergänzung der Astronomischen Nachrichten herausgegebenen Astronomischen Abhandlungen erschienen.
Sie ist abgedruckt in den Werken, Bd. IV, 1873, 2. Abdruck 1880,
S. 189—216. Eine Übersetzung ins Englische, wahrscheinlich von
Francis Baily (1764—1844), ist 1828 erschienen:

General solution of the problem: to represent the parts of a
given surface on another given surface, so that the smallest parts
of the representation shall be similar to the corresponding parts
of the surface represented. By C. F. Gauß. Answer to the Prize
Question proposed by the Royal Society of sciences at Copenhagen.
The philosophical magazine, new series, vol. 4, London 1828,
S. 104—113, 206—215.

Im Jahre 1894 ist die Abhandlung von A. Wangerin neu
herausgegeben worden; sie findet sich im Hefte 55 von Ostwald's
Klassikern der exakten Wissenschaften: Ueber Kartenprojection,
Abhandlungen von Lagrange (1779) und Gauß (1822), Leipzig 1894,
S. 57—81.

Die Abhandlung über die allgemeine Lehre von den krummen
Flächen hat Gauß am 8. Oktober 1827 der Göttinger Sozietät
vorgelegt. Eine von Gauß selbst verfaßte Anzeige erschien am
5. November 1827 in den Göttingischen Gelehrten Anzeigen,
Stück 177, S. 1761—1768; sie ist abgedruckt in den Werken,
Bd. IV, S. 341—347. Eine Übersetzung der Selbstanzeige ist
schon 1829 von Francis Baily herausgegeben worden:

Account of a paper by Prof. Gauß, intitled: Disquisitiones
generales circa superficies curvas, communicated to the Royal Society of Göttingen on the 8th of october 1827, The philosophical
magazine, new series, vol. 3, London 1828, S. 331—336.

Man vgl. hierzu den Brief von Olbers an Gauß vom 2. Juli
1828 und dessen Antwort Ende Juli 1828 (Br. G.-O. 2, S. 508,
511, zum Teil abgedruckt W. VIII, S. 444—445).

Die Abhandlung selbst ist 1828 in den Denkschriften der Göttinger Sozietät erschienen:

(1) Disquisitiones generales circa superficies curvas, auctore Carolo Friderico Gauß, Societati regiae oblatae d. 8. Octob. 1827. Commentationes societatis regiae scientiarum Gottingensis recentiores, Commentationes classis mathematicae. T. VI (ad annos 1823—1827). Gottingae 1828, S. 99—146.

Es gibt Sonderabzüge mit den Seitenzahlen 1 bis 50 und einer besonderen Titelseite, die den Vermerk: Gottingae, Typis Dieterichianis, 1828 trägt.

Der lateinische Text wurde in der fünften, von Liouville besorgten Ausgabe des Werkes: G. Monge, Application de l'analyse à la géometrie, Paris 1850, S. 505—546 abgedruckt unter dem Titel:

(2) Recherches sur la théorie générale des surfaces courbes, par M. C. F. Gauß.

Es folgen zwei Übersetzungen ins Französische:

(3) Recherches générales sur les surfaces courbes par M. Gauß. Traduit du latin par M. T[iburce] A[badie], ancien élève de l'École polytechnique, Nouvelles annales de mathématiques, t. 11, Paris 1852, S. 195—258.

(4) Recherches générales sur les surfaces courbes, par M. C.-F. Gauß, traduites en français, suivies de notes et d'études sur divers points de la théorie des surfaces et sur certaines classes de courbes, par M. E. Roger, Paris 1855.

Nach H. D. Thompson (siehe Nr. 9) ist von (4) eine weitere Ausgabe Grenoble 1870, Paris 1871 erschienen.

(5) Die Werke von Carl Friedrich Gauß, herausgegeben von der Königlichen Gesellschaft der Wissenschaften in Göttingen bringen die Disq. gen. im vierten Bande, Göttingen 1873, S. 217—258; ein zweiter, unveränderter Abdruck ist 1880 herausgekommen.

Es gibt zwei Übersetzungen ins Deutsche. Die erste ist ein Teil des Werkes: O. Böklen, Analytische Geometrie des Raumes, zweite Auflage, Stuttgart 1884, dessen zweiter Teil den Doppeltitel führt:

(6) Disquisitiones generales circa superficies curvas von C. F. Gauß, ins Deutsche übertragen, mit Anwendungen und Zusätzen. Die Fresnelsche Wellenfläche.

Die Übersetzung steht S. 197—232. Die erste Auflage, Stuttgart 1861, enthält die Übersetzung der Disq. gen. noch nicht.

Zweitens ist zu nennen:

(7) Allgemeine Flächentheorie (Disquisitiones generales circa

superficies curvas) von Carl Friedrich Gauß (1827). Deutsch herausgegeben von A. Wangerin. Heft 5 von Ostwald's Klassikern der
exakten Wissenschaften, Leipzig 1889, 62 S.; zweite revidierte
Auflage, Leipzig 1900, 64 S.

In den Budapester Mathematisch-physikalischen Blättern hat
Nikolaus Szíjártó eine Übersetzung ins Magyarische veröffentlicht:
(8)   A felületek általános elmélete. Irta Gauß Károly Frigyes.
Forditotta Szijártó Miklós. Mathematikai és physikai lapok, Band
6, Budapest 1897, S. 45—114.

Eine Übersetzung ins Englische enthält das Buch:
(9)   Karl Friedrich Gauß, General investigations of curved surfaces of 1827 and 1825. Translated with notes and a bibliography
by J. C. Morehead and A. M. Hiltebeitel. The Princeton Uni-
versity Library, 1902.

Die Einleitung von H. D. Thompson gibt bibliographische
Notizen. Es folgt S. 1—44 die Übersetzung der Disq. gen. Beigegeben sind Übersetzungen der Selbstanzeige und der 1900 im
achten Bande der Werke aus dem Nachlaß herausgegebenen Neuen
allgemeinen Untersuchungen über die krummen Flächen.

Inhaltsverzeichnis.